T0145113

Autolust! Dieselfrust?

Klaus-Geert Heyne ·
Gabriele Schmiedgen

Autolust! Dieselfrust?

Illustrationen von Carolin Schmiedgen

Klaus-Geert Heyne
Riedstadt-Erfelden, Deutschland

Gabriele Schmiedgen
Riedstadt-Erfelden, Deutschland

ISBN 978-3-658-21608-5   ISBN 978-3-658-21609-2 (eBook)
https://doi.org/10.1007/978-3-658-21609-2

Die Deutsche Nationalbibliothek verzeichnet diese Publikation in der Deutschen Nationalbibliografie; detaillierte bibliografische Daten sind im Internet über http://dnb.d-nb.de abrufbar.

© Springer Fachmedien Wiesbaden GmbH, ein Teil von Springer Nature 2018
Das Werk einschließlich aller seiner Teile ist urheberrechtlich geschützt. Jede Verwertung, die nicht ausdrücklich vom Urheberrechtsgesetz zugelassen ist, bedarf der vorherigen Zustimmung des Verlags. Das gilt insbesondere für Vervielfältigungen, Bearbeitungen, Übersetzungen, Mikroverfilmungen und die Einspeicherung und Verarbeitung in elektronischen Systemen.
Die Wiedergabe von Gebrauchsnamen, Handelsnamen, Warenbezeichnungen usw. in diesem Werk berechtigt auch ohne besondere Kennzeichnung nicht zu der Annahme, dass solche Namen im Sinne der Warenzeichen- und Markenschutz-Gesetzgebung als frei zu betrachten wären und daher von jedermann benutzt werden dürften.
Der Verlag, die Autoren und die Herausgeber gehen davon aus, dass die Angaben und Informationen in diesem Werk zum Zeitpunkt der Veröffentlichung vollständig und korrekt sind. Weder der Verlag noch die Autoren oder die Herausgeber übernehmen, ausdrücklich oder implizit, Gewähr für den Inhalt des Werkes, etwaige Fehler oder Äußerungen. Der Verlag bleibt im Hinblick auf geografische Zuordnungen und Gebietsbezeichnungen in veröffentlichten Karten und Institutionsadressen neutral.

Lektorat: Thomas Zipsner

Gedruckt auf säurefreiem und chlorfrei gebleichtem Papier

Springer ist ein Imprint der eingetragenen Gesellschaft Springer Fachmedien Wiesbaden GmbH und ist ein Teil von Springer Nature.
Die Anschrift der Gesellschaft ist: Abraham-Lincoln-Str. 46, 65189 Wiesbaden, Germany

Vorwort

Autolust und Dieselfrust – wie vertragen sich diese beiden Gefühle? Warum und wozu die Aufregung um die Zukunft des Automobils und seiner Antriebsquellen?

Zu diesem Thema beizutragen durch Information, Aufklärung und konstruktive Meinungsbildung, ist Anliegen dieses Buches. Es ist geschrieben von Fachleuten für unsere Entscheidungsträger, Meinungsmacher und für alle Mitmenschen unserer Gesellschaft, die mit dem Auto beschäftigt sind und gern mehr Durchblick hätten. Wo es nötig erscheint, wird der fachliche Hintergrund in einem ca. 80-teiligen, ausführlichen Glossar mit Zusatzinformationen dargestellt, ohne dadurch zum Lehrbuch zu werden.

Aus den neugierigen Dialogen zweier Teenager entsteht mit Hilfe der Familien, Verwandten, Bekannten und der Schule ein informatives Bild der Situation – so neutral und ehrlich wie möglich.

Tom und Lisa kümmern sich um die Auto-Sorgen ihrer Eltern, die bald auch ihre eigenen Probleme werden können – und je mehr sie das tun, desto tiefer steigen sie ein in neue Zusammenhänge und noch mehr Probleme. Bekommen sie ein klares Bild? Können sie ihren Eltern helfen? Gibt es wieder Frieden in Smog-City und im schönen Bad Oberlingen?

Dieses Buch wurde geschrieben
- mit Wissen über die Technik, die Medizin und beider Grenzen
- mit etwas Psychologie, aus Liebe zu unseren Mitmenschen
- aus Respekt vor der Natur und dem Automobil
- frei von Konfusionsmitteln und Meinungsverstärkern
- mit geringem Risiko von Missverständnissen
- mit hoffentlich vielen Nebenwirkungen
- auch für die Fragen von Ärzten und Apothekern
- ohne Sponsorengelder.

Ziel des Buches ist es, Beschlüsse sowie Verhaltens- und Kaufentscheidungen in der automobilen Zukunft zu erleichtern – treffen muss jeder die Entscheidungen selbst.

Riedstadt-Erfelden,
Mai 2018

Gabriele Schmiedgen
Klaus-Geert Heyne

Inhalt

Der Inhalt ist nach der Reihenfolge der Dialoge angeordnet.

Dialog-Teilnehmer...1

Worum geht es Tom und Lisa?..............................2
  1. Dieselmotor...5
  2. Stickoxide...6
  3. Grenzwerte...7
  4. Fahrverbote..9

Was will der Mensch?
  5. Gut leben!...11
  6. Leben mit Autos.......................................13

Der einzige Ausweg?
  7. E-Mobilität..17
  8. Stromversorgung......................................20

Die Randerscheinungen
  9. „Experten"...25
  10. Juristisches..29

Was die Technik bietet
  11. „Schlafende Industrie"?...........................36
  12. Benzinmotor...40
  13. Alternative Kraftstoffe.............................42
  14. Hybrid-Fahrzeuge....................................47

Globale Gesichtspunkte
  15. Rohstoffe, Energiebilanzen.......................51
  16. Klimawandel, Luftschadstoffe....................56

VII

Die Projektwoche

AG 1: Auto heute......69
AG 2: Verkehrs-Wende?......73
AG 3: Auto morgen......77
AG 4: Antriebstechnik......80
AG 5: Auto-Elektronik......85
AG 6: Die globale Herausforderung:
Wirtschaft, Klima, Gesellschaft......91

Die Lösung?

AG 7: Gesamtpräsentation: „Auto-Lust 2030"......96

Anhang

Abbildungen......111
Literatur......120
Glossar......123
Nachwort......146
Dank......148

Mit dem männlichen Geschlecht ist immer auch das weibliche gemeint.
Fakten und zahlenmäßige Angaben dieses Buches entsprechen dem Wissensstand von Anfang 2018.
Die Aufzählungen erheben keinen Anspruch auf Vollzähligkeit. Zahlenmäßige Angaben sind Anhaltswerte, um Größenordnungen zu verdeutlichen.
Sie wurden von den Autoren und dem Verlag sorgfältig geprüft, dennoch kann keine Gewähr für die Richtigkeit übernommen werden.
Die von den Schülerinnen und Schülern geäußerten Fakten und Meinungen decken sich nicht grundsätzlich mit den Ansichten der Autoren bzw. des Verlages.
Firmen- und Typen-Nennungen sowie Markennamen sind zufällig, unvollständig und neutral gewählt und stellen keine Werbung, sondern nur eine prinzipielle Kaufanregung dar.
Ähnlichkeiten mit Personen des Öffentlichen Lebens sind denkbar, teilweise beabsichtigt und ansonsten zufällig.
Die im Glossar erläuterten Begriffe sind mit „*" gekennzeichnet.
Literaturangaben sind in [...] eingeschlossen.

1

Dialog-Teilnehmer

Tom und Lisa, zwei Jungreporter

Tom, 17 Jahre, Gymnasiast, lebt in Bad Oberlingen, Kleinstadt und Kurort in Höhenlage. Vater ist Bauunternehmer, Mutter ist Chemielehrerin am Gymnasium; Bruder Finn ist 19, möchte Ingenieur werden; Schwester Mara ist 21, studiert Psychologie.

Lisa, 16 Jahre, Gymnasiastin, lebt in Smog-City, einer Großstadt in einem Talkessel, außen  herum Industriegürtel, ungefähr 30 km entfernt von Bad Oberlingen. Vater ist Spediteur, Mutter ehemalige Sozialarbeiterin, jetzt Hausfrau und Umweltaktivistin.

Tom und Lisa besuchen die 11. Gymnasialklasse am Stadtrand von Smog-City; beide möchten später als gute Journalisten allen Dingen auf den Grund gehen.

Da sind auch noch
Toms Onkel Werner (beim TÜV),
Lisas Tante Uta (Juristin),
Toms Onkel Hermann (Energie-Ingenieur),
Toms Oma Sophie (philosophiert gerne),
Lisas Opa Schlau (ehem. Motoren-Professor)
und Freunde, Kollegen, Bekannte, Mitschülerinnen und Mitschüler,

und als Gäste aus dem Internet
das Auto „Amadeus",
der Dieselmotor „Diedi",
der Benzinmotor „Otto",
das E-Mobil „Emily" und
das Hybrid-Auto „Hybie".

© Springer Fachmedien Wiesbaden GmbH, ein Teil von Springer Nature 2018
K.-G. Heyne, G. Schmiedgen, *Autolust! Dieselfrust?*,
https://doi.org/10.1007/978-3-658-21609-2_1

Worum geht es Tom und Lisa?

Hey, Lisa - alles o.k.?

Nee! Papa sagt, unser schönes Auto muss weg!

Was? Glaub´ ich nicht - warum?

Ist ein dreckiger Diesel, sagt Mama.

Wieso dreckig – was für Dreck?

Irgendwas mit X, soll krank machen.

Wer sagt das?

Ich glaub´, die EU – mit ihren Grenzwerten.

Grenzwerte? Woher kommen die?

Mama sagt, die werden das schon wissen.

Und was sagt dein Papa?

Papa ist sauer auf die Mama und die EU.

Da muss sein dickes Auto wirklich weg??

Vielleicht, wenn er in der Stadt nicht mehr fahren darf – dann kann er auch gleich sein Motorboot verkaufen …

Weil er das ziehen muss mit seinem SUV*?

Und Mama sagt, eigentlich bräuchte man gar kein Auto, nur ein Fahrrad und die Bahn…

… und den Bus? Und wenn es regnet?

Nimmt man eine Taxe oder bleibt zu Hause.

Taxen für alle, jeden Tag - das wird teuer.

Deswegen will Mama ein E-Mobil.

Ist auch nicht billig – und woher der Strom?

Kommt doch aus der Steckdose, über Nacht.

Auch ohne Kohle- und Atomkraftwerke?

Mama sagt, das klappt schon irgendwie –
die Politiker müssen nur wollen.

Wissen denn das die Politiker so genau?

Nein, aber dafür haben sie ihre Experten* – zum Beispiel Franz, den Auto-
Guru …

Woher weiß der das alles?

Der ist Professor, der sieht die Zukunft voraus, sagt er im
Fernsehen.

Und auch alles über die Autos und wie man sie in
Zukunft antreibt?

Jaja, der ist eben Experte – und wir müssen das
glauben – was sonst?

Übrigens – bei uns zu Hause ist auch ziemlich dicke Luft.

Wirklich – in eurem schönen Kurort?

Nein, in der Baufirma meines Vaters! Seine Leute haben Angst bekommen um ihre Diesel-Autos und um ihr Geld, wenn sie jetzt teure E-Mobile kaufen sollen! Wie sollen sie die bezahlen – und was kriegen sie noch für ihr geliebtes Auto?

Das geht ans Eingemachte!

Ja, und mein Alter hat auch Krach auf seiner Baustelle in Smog-City: Ein Nachbar stört sich am Pressluft-Diesel-Aggregat. Es würde angeblich die Luft verpesten.

Als ob dort noch Luft zum Verpesten ist!

1. Dieselmotor*

Lisa, wie kommt deine Mutter auf „dreckiger Diesel?"

Hat sie von ihrer Freundin Irene und die hat´s aus der Zeitung.

Frag doch mal deinen Opa, der war Motoren-Professor, ja?

 Stunden später …

Und was sagt der?

Der hat gelacht – er sagt, die Leute machen es sich zu einfach, sie sollten mal die Kirche im Dorf lassen.

Wieso?

Mein Opa hat gelesen, der Dieselmotor sei eine „Fehlkonstruktion", ein „Auslaufmodell" oder ein „Irrläufer der Geschichte" – er sagt, die angeblichen Experten, die so was in die Welt setzen, verdummen und verschrecken nur die Leute; immerhin fahren ungefähr 15 Millionen Dieselfahrer sehr sparsam und zufrieden auf unseren Straßen herum. Der einzige Fehler des Diesels ist zurzeit die Stickoxid-Emission in engen Städten, die ist dort sehr hoch. Die bekommt man aber mit einem SCR-Katalysator* in den Griff – dazu tankt man als Zusatz AdBlue-Harnstoff*. In Wirklichkeit ist der heutige Dieselmotor die beste, hochentwickelte Wärmekraftmaschine zum Antrieb von PKW, LKW, Bussen, Baumaschinen, Druckluft-, Stromaggregaten und Schiffen. Das wird sie bleiben, solange es den Treibstoff Diesel gibt.

Hat dir dein Opa auch erklärt, was ein SCR-Katalysator ist?

Ja, warte, das hab´ ich mir hier aufgeschrieben – also: Das SCR-Verfahren ist eine kleine Chemiefabrik im Auto, die mit Hilfe eines Zusatzstoffes, den man tanken muss, aus den Stickoxiden wieder Stickstoff und Wasser macht. Das will er mir aber später noch genauer erklären, **(Abb. 1)** (-> SCR).

Opa fragte auch: Woher kommt dieser „un-fass-bare Diesel-Hass" bei einigen Zeitgenossen – ist es Sozialneid, braucht der Zeitgeist immer ein neues Feindbild oder was sind die tieferen Ursachen?

Liegt das wirklich nur an den Stickoxiden?

2. Stickoxide

Tom, frag doch mal deine Mutter zu diesen „Drecksachen".
Sind die wirklich schmutzig? Sie ist doch Chemielehrerin.

Na, mal sehen ob sie Zeit hat …

Tage später …

Also, meine Mutter sagt, bei diesen Abgasstoffen der motorischen Verbrennung geht es um unerwünschte Nebenwirkungen – so ähnlich wie bei Medikamenten auch. Der Stickstoff N, den wir zu 78 % mit unserer Luft einatmen, reagiert beim Verbrennen im Motor bei hohen Temperaturen und bei hohen Drücken leider mit dem Sauerstoff O – dadurch entstehen Spurengase im Millionstel-Bereich, also in ungiftigen, relativ kleinen Mengen, die heißen dann Stickoxide*. Die sind in ihrer geringen Konzentration praktisch unsichtbar, riechen nur in hoher Konzentration stechend, stinken also nicht und sind überhaupt nicht schmutzig. Alles dumme Sprüche! Aber sie können in hoher Konzentration zunächst die Augenschleimhäute reizen, wie beim Zwiebelnschneiden, und erst bei doppelt so hoher Konzentration die Lunge irritieren und belasten, sofern diese bereits empfindlich oder krank ist. Das gilt vor allem für Stickstoffdioxid NO_2, die anderen Stickoxide sind instabil. Sterben kann allein durch ein Stickoxid niemand – ein Dieselfahrer ist also niemals ein Mörder, wie schon mal in einem Leserbrief behauptet wurde!

Wie schlimm ist denn der Dieselmotor?

Sie sagt, die stärkste Quelle von Stickstoffdioxid NO_2 in der Gesamtmenge ist schon der Kfz-Verkehr mit heute ca. 63 %, danach kommt die Industrie einschließlich der Kraftwerke mit ca. 17 % und die Hausheizanlagen mit ca. 10 %; die Landwirtschaft emittiert ca. 7 % und der Flugverkehr ca. 3 % (Hessisches Landesamt für Naturschutz … , Januar 2017). Beim Kfz-Verkehr entstehen etwa die Hälfte des NO_2 auf den Autobahnen durch hohes PKW-Tempo und viele Schwerlast-LKW. Die restlichen ca. 32 % verteilen sich auf die Landstraßen, innerörtliche Straßen und die Städte. In vielen Städten kommt zurzeit über die Hälfte der NO_2-Emissionen vom Dieselmotor. Dennoch bleibt wohl immer die Grundbelastung* von ca. 37 % – unabhängig vom Verkehr.

Und durch das NO_2 der Dieselmotoren gibt es wirklich keine Toten?

Meine Mutter meint, nein, keine echten Todesfälle, sondern nur statistisch hochgerechnete theoretische „Kann-Tote" und ebenso theoretische „Vielleicht-Kranke", (-> Gesundheit, Gift, Statistik, Stickoxide, Studien).

Warum dann die Aufregung um die Stickoxide und ihre Grenzwerte?

3. Grenzwerte

Mein Opa sagt, das kommt nur durch die engen Städte. Der Dieselmotor als schnurrendes, sparsames Kraftpaket ist eine fast perfekte Sache, mit eben Nachteilen, wie sie ein jedes Ding hat. Vor ein paar Jahren waren es kleine Ruß- und Schmutzteilchen im Abgas; dagegen haben die Hersteller in die meisten Dieselautos Partikelfilter* eingebaut – heute benutzt man außerdem SCR-Katalysatoren gegen die Stickoxide. Mit solchen sekundären Maßnahmen hinter dem Motor kann man viel erreichen, auch wenn es mehr kostet.

Wieviel Stickoxid kann denn der Mensch vertragen? Fragst du mal deinen Onkel Werner?

 Stunden später …

Onkel Werner beim TÜV sagt, die Grenzwerte* für die menschliche Gesundheit* sind eine komplizierte und ziemlich willkürliche Sache. Wie schädlich das Stickoxid NO_2 allein wirklich ist, weiß niemand genau, kein Arzt und kein Professor, erst recht kein Beamter oder Politiker. Da wird meistens vermutet, analog gefolgert oder einfach angenommen, aus lauter Vorsicht.

Beispiel: Am Arbeitsplatz zum Beispiel gilt die MAK* (Maximale Arbeitsplatz-Konzentration eines Gefahrstoffes). Für gesunde Erwachsene sind am Arbeitsplatz demnach 950 Mikrogramm NO_2 (Millionstel Gramm) pro Kubikmeter Luft zulässig und das 40 Wochenstunden lang an fünf Tagen. Im Freien wiederum, überall und rund um die Uhr, 365 Tage, also auch in der Freizeit, gelten mit Rücksicht auf Babys, Ältere und Kranke 40 Mikrogramm pro Kubikmeter im Jahresmittel als Grenze (Empfehlung der WHO, Vorgabe der EU), die z. Zt. an 18 Tagen im Jahr überschritten werden darf. Das heißt am Arbeitsplatz, z. B. bei einem Schweißer, wird dem arbeitenden Menschen gut 20-mal mehr zugemutet, aber nur während der Arbeitszeit.

Jetzt verstehe ich überhaupt nichts mehr!

Ich auch nicht wirklich – aber ich hab´ es mir so aufgeschrieben.

Onkel Werner sagt, alles ist noch im Fluss. Die Politiker und die Behörden wollen aber irgendwelche Zahlen haben, die sie verantworten und kontrollieren können. Auch die Autobauer brauchen Vorgaben, nach denen sie konstruieren können. Ob die dann realistisch, erreichbar und durchsetzbar sind, müssen die Gesetze der Medizin, Physik, Chemie und der Technik zeigen – vieles liegt auch an der Bevölkerungsdichte und am Städtebau, **(Abb.2)**.

Wieso am Städtebau?

Die großen Städte, auch deine Stadt, sind an vielen Stellen so verbaut, dass durch die Straßen kein frisches Lüftchen mehr weht – dadurch bleiben die Luftschadstoffe länger am selben Ort hängen, z. B. an einer vielbefahrenen Kreuzung mit Ampeln und entsprechend viel „stop and go". Da lässt sich nur mit ganz viel Geld was verbessern, sagt Onkel Werner, indem man z. B. 300 m lange Wohnblockbarrieren und noch längere Straßenschluchten aufbricht und z. B. Kreisel, Hochstraßen oder Verkehrstunnel baut.

Und wenn es nicht so viele Autos wären?

Dazu bräuchten wir Fahrverbote – das will außer den Anwohnern niemand, meint Onkel Werner.

4. Fahrverbote

„Fahrverbot" klingt ziemlich hart – gab's das nicht schon mal?

Deine Tante Uta müsste dazu was wissen, oder?

Tage später …

Tante Uta sagt, das Fahrverbot gehört zu den Verkehrsbeschränkungen – die gibt's überall, z. B. in Fußgängerzonen. Ein allgemeines Fahrverbot, also für alle Motorfahrzeuge, gab es in den 70er-Jahren an einigen Sonntagen während der Ölkrise* – das fanden die meisten Leute ganz interessant bis wohltuend. Ein allgemeines Fahrverbot ist praktisch, weil es nur ein Gesetz kostet und leicht zu kontrollieren ist.

Fahrbeschränkungen, z. B. für Diesel-PKW allein, sind schon problematischer, teurer und schwerer zu kontrollieren, wenn sie überhaupt den erhofften Effekt haben. Die Städte und Gemeinden können auch Fahrbeschränkungen in bestimmten Straßen und Stadtvierteln, Durchfahrtsverbote (Anlieger frei) oder tageweise für jedes zweite Auto (gerade oder ungerade Endnummern der Kennzeichen) oder zeitlich gestaffelt vormittags – nachmittags usw. einführen – dabei lässt sich auch feststellen, welcher Effekt zu messen ist.

Aber das will alles gut überlegt und mit Zeitvorlauf geplant sein, sonst ist der große Ärger vorprogrammiert und der kann Tausende von Dieselfahrern psychisch krank machen. Das kann auch kein Amtsrichter einfach so entscheiden, bevor er sich nicht gründlich schlau gemacht hat über alle Aspekte der Thematik und die Folgen seiner Urteile.

Was will der Mensch?

5. Gut leben

Das mit dem Fahrverbot klingt ja ziemlich dramatisch!

Meine Öko-Mutter geht noch weiter: Sie würde das Auto am liebsten ganz abschaffen.

So – warum?

Die Autos, sagt sie, braucht kein Mensch – ohne Auto sei unser Leben viel billiger, ruhiger und gesünder.

Und wie käme ich dann zum Volleyball und zum Geigenunterricht?

Mein Vater sagt, ohne Autos und LKW geht Garnichts mehr. Unsere Wirtschaft, sogar unsere Gesellschaft bricht zusammen, keine Post, kein frisches Obst, keine Kultur …

Ich hab´ auch mal mit meiner Oma Sophie gesprochen – die macht immer so kluge Sprüche – sie sagt: Überlegt mal, was Menschen so alles brauchen an Nahrung, Paketen, Möbeln, Baustoffen für ihre Häuser usw. Stell dir vor, unsere Gesellschaft ist ein Organismus* wie unser Körper – dann sind die Autobahnen, Straßen und Bahnlinien die Schlagadern und die Autos, LKW, Busse und Bahnen sind die Blutkörperchen, die Sauerstoff und Nährstoffe zu den Organen und Zellen transportieren und die Abfallstoffe wieder abführen.

Eine tolle Oma hast du – guter Vergleich! Ohne Blut kein lebendiger Körper, ohne Transport keine moderne Wirtschaft und auch keine moderne Gesellschaft.

Ja, ich habe nicht nur eine kluge Oma, sondern auch meine immer besser= wissende Schwester Mara im 5. Semester Psychologie – der habe ich von

© Springer Fachmedien Wiesbaden GmbH, ein Teil von Springer Nature 2018
K.-G. Heyne, G. Schmiedgen, *Autolust! Dieselfrust?*,
https://doi.org/10.1007/978-3-658-21609-2_2

unserem Thema erzählt und die Frage gestellt: Was will der Mensch, was braucht der Mensch – geht's auch ohne Auto?

Und was sagt Mara?

 Sie ist stolz, mal zu glänzen mit ihrem Psycho-Wissen, war kaum zu bremsen. Sie hat mir von der „Bedürfnispyramide nach Maslow" erzählt. Klingt gut, nicht?!
Der Psychologe Abraham Maslow teilt die Bedürfnisse der Menschen in fünf übereinander geschichtete Ebenen in Form einer Pyramide ein:

In der 1. elementaren Ebene braucht jeder Mensch körperliche Dinge wie Nahrung, Kleidung und ein Dach über dem Kopf. Wenn er diese hat, wie z. B. die Flüchtlinge bei uns, dann sucht er in der 2. Ebene körperliche und finanzielle Sicherheit, auch für die Zukunft, durch Arbeit und Bildung und die Ausbildung seiner Kinder, natürlich alles eine Geldfrage.

Ist diese 2. Ebene wenigstens teilweise erreicht, streben die Menschen in der 3. Ebene nach Gesellschaft, Freundschaft und Liebe.

In der 4. Ebene soll die individuelle Erfüllung durch Erfolg, Ansehen und Macht angestrebt werden und in der 5. Ebene will der Mensch die Selbstverwirklichung erreichen. Erst dann sei er zufrieden und habe ein gutes Leben, sagen Maslow und Mara.

Das klingt spannend – mehr will der Mensch nicht?

Doch – Mara spricht von „Höheren Bedürfnissen", die es zusätzlich zu Herrn Maslow gibt. Das sind eher Sehnsüchte, die aber über das Unbewusste die Handlungen der Menschen steuern, z.B. die Sehnsucht nach Beweglichkeit, Leichtigkeit und Freiheit.

Hm – was hat das alles mit dem Auto zu tun?

6. Leben mit Autos

Mara hat sich mit ihrem Freund Alex unterhalten – der hat „Benzin im Blut" und studiert mit ihr zusammen. Alex meint, das Auto ist wahrscheinlich das wichtigste Hilfsmittel, um alle Bedürfnisse und Sehnsüchte abzudecken: Das Auto erweitert die alltäglichen Möglichkeiten der Menschen gewaltig!Bei den Grundbedürfnissen der mitteleuropäischen Gesellschaft (Maslow-Ebene 1 und 2) ist der PKW oft unverzichtbar, z. B. zum Einkaufen, zum Bringen der Kinder zum Kindergarten oder zur Schule oder zum Musikunterricht, Sport usw. Auch die Berufspendler brauchen vielfach ihre Autos. In der 3. Ebene ist das Auto z. B. für manche junge Leute oft ein Raum für ein ungestörtes Treffen, für die Familie die Möglichkeit, gemeinsam in den Urlaub zu fahren und für Senioren die Chance, ihre Enkel regelmäßig zu sehen. In der 4. Ebene nach Maslow zeigt der tolle PKW den Berufserfolg, den Status und das Ansehen des Besitzers – in der 5. Ebene wollen sich viele Menschen verwirklichen, indem sie ein außergewöhnliches Auto haben oder gleich mehrere – das sind die Ebenen der Auto-Lust, sagt Alex.

Meine Mutter schimpft trotzdem auf das Auto – es sei ein Störfaktor, sonst nichts!

Lisa, warte mal – hier auf meinem Tablet meldet sich ein „Amadeus" bei mir, der will mit uns chatten …

Kenne ich nicht – da bin ich aber gespannt!

 Hey, Leute – ich heiße Amadeus und bin das Auto, also der PKW. Bin total betroffen und gerührt, dass ihr euch so viel mit mir beschäftigt. Aber ihr habt Recht – jeder ein bisschen! Ich bin ein Störfaktor, muss ich ehrlich zugeben – aber das ist eben die dunkle Kehrseite meiner Medaille:
Ich mache Lärm, Dreck und Schadstoffe, brauche viel Wasser, Energie und Materialien bei der Herstellung und verbrauche beim Fahren Treibstoffe.

Ich brauche Parkplätze, Straßen und Autobahnen, die die Landschaft zerschneiden und die Natur belasten; mit mir gibt es Tote und Verletzte – ich bin ein Sachproblem, Mengenproblem und ein Raumproblem, mal ganz abgesehen von den immensen Kosten, die ich verursache ...

Halt stopp – es reicht! Wieso fahren denn trotzdem ungefähr 1 Milliarde Autos auf der ganzen Welt herum?

Ja, richtig, das ist erstaunlich, aber verständlich, wenn ihr meine Vorteile bedenkt: In der Luft gibt es Flugzeuge und auf dem Wasser Schiffe, aber auf dem Land braucht man mich als lebenswichtiges Transportmittel – mit Handwagen und Pferdefuhrwerk gäbe es die heutige Wirtschaft und die Wohlstandsgesellschaft nicht. Gerade wir PKW sind Helfer für Sicherheit und Bequemlichkeit. Moderne PKW schützen bei Unfällen. Man ist im PKW besser geschützt als die Motorradfahrer, als die Fahrradfahrer und als die Fußgänger. Auch gegen schlechtes Wetter und gegen Kriminalität, z. B. in „armen Ländern", schützt uns der PKW.

Hm – ja, das ist ein großer Nutzen! Aber müssen es z.B. so viele PKW sein? Sind die alle nur zum Transportieren?

Gute Frage! Nein, da kommt die Psyche der Menschen ins Spiel! Wir sind nämlich oft auch Statussymbol und sogar ein Suchtgegenstand für manche Menschen. Es gibt Leute, die mehrere Autos haben. Viele wollen uns als Freund und Bezugsgegenstand und ganz viele genießen einfach das Fahren mit uns – möglichst zügig, besser noch möglichst schnell, weil es sich so frei und leicht anfühlt, fast so wie Fliegen. Manche hochmotorisierten Kollegen fahren schneller als Kleinflugzeuge fliegen und das ohne teuren Pilotenschein...

Angeben wollen viele Leute mit ihrem Schlitten.

Ja, das Imponiergehabe kommt aus der Tierwelt – bei den Menschen soll es den Wohlstand seines Besitzers zeigen und ihn begehrenswert machen.
So – dann meldet euch wieder, wenn ihr mich braucht! Tschüs!

Ich glaube, ich hab's kapiert:
Der Straßenverkehr hat also eine notwendige vernünftige Seite, den lebenswichtigen Transport, und eine emotionale Seite in Gestalt des PKW zum Spaßhaben, Angeben und über die Autobahn flitzen.

Da kommt noch etwas hinzu, denke ich: Mein Vater sagt, es geht immer nur um die Städter, vor allem in den Großstädten mit ihrer Enge und den viel zu vielen Menschen. Aber auf dem Land, wie bei uns, hat man diese Probleme nicht. Dafür sind die meisten Leute hier auf ihr Auto angewiesen, weil zu wenig Bahnen und Busse fahren. Deswegen, sagt mein Vater, darf die Politik nicht Städter und Landbevölkerung über einen Kamm scheren mit ihren Gesetzen und Beschlüssen – sonst gibt es Krawall ...

... und mein Vater meint außerdem, dass man wohl Emotionen, Faszination und Unvernunft nicht abtrennen kann vom Verkehr – nicht nur bei den jungen Leuten.

Meine Mutter sagt dazu, dass sich das alles in den letzten 50 Jahren so rasant entwickelt hat und sich nun nicht zurückdrehen lässt, obwohl einige kluge Leute das dringend für nötig halten – was ja im Hinblick auf die Probleme Luftchemikalien, Schadstoffe und Klimawandel richtig wäre.

Hat denn die Gesellschaft nichts unternommen gegen die Luftbelastung – waren alle Leute und die Politiker blind?

Nein, nicht blind! Meine Mutter hat sich dazu eine Bilanz des Umweltbundesamtes (UBA) vom März 2017 aus dem Internet geholt, **(Abb. 3)**:
Stickstoffdioxid-NO_2-Minderung zwischen 1990 und 2015 (25 Jahre)
Die Industrie hat etwa   20 % weniger emittiert,
die Haushalte haben etwa   30 % weniger emittiert,
die Kraftwerke etwa   40 % weniger und,
da staunt der Laie, der Verkehr hat das NO_2 um ca. 64 % reduziert,
also von 100 % (1990) auf ca. 36 % in 2015!
Nebenbei: Die Dieselpartikel wurden um ca. 97 % reduziert und die SO_2-Emissionen (Schwefeldioxid) bundesweit um ca. 92 %, **(Abb. 4)**.

Wow, dann sind der Verkehr und der Diesel gar nicht die Buhmänner, sondern waren am innovativsten und konsequentesten von allen Wirtschaftszweigen!

So sieht es aus!

Onkel Werner beim TÜV sagt, durch die ständigen Verbesserungen der Motoren, ihrer Verbräuche und ihrer Abgasstoffe sei sehr viel erreicht worden. Dazu haben auch die gesetzlichen Regelungen wie die Euro-Emissionsklassen gezwungen, die allerdings alle paar Jahre vom Schreibtisch aus verschärft wurden.

Das ging so lange gut, wie die Politik sich mit der Autotechnik abgestimmt hat, damit nichts Unmögliches verlangt wird. Und von Onkel Werner weiß ich auch, dass die Technik von der Physik und der Chemie bestimmt wird, also Grenzen hat, und nicht zaubern kann.

Abgasreinigung bei gleichem Verbrauch, gleicher Motorleistung und gleicher Zuverlässigkeit ist schwierig – auch die Messung und Kontrolle sind aufwändig und teuer.

Mein Vater sagte gestern zu meiner Mutter: „Ohne PKW, LKW und Verkehr können wir einpacken – dann bleibt unser Leben stehen. Wie soll ich dann das Geld für unsere Familie verdienen? Aber ich gebe dir insofern Recht, dass es auf die Art und Weise des Verkehrs ankommt – wir brauchen mittel- und langfristig neue Verkehrskonzepte* in Stadt und Land, **mit den Autos** und nicht frontal gegen sie. Das benötigt Durchblick, Übersicht, Planung und Zeit für Veränderungen."

Schön und gut, Lisa – das kann dauern! Aber deine Mutter wünscht sich doch ein E-Mobil, oder? Ist das der Ausweg – sind dann die Kühe vom Eis?

Der einzige Ausweg?

7. E-Mobilität

Richtig – meine Mutter sagt, E-Mobile sind die einzige Lösung, die wollen auch die Politiker und die müssen es schließlich wissen.

Wie kommt deine Mutter darauf? Bis jetzt sehe ich kaum Elektro-Autos.

Meine Mutter hat neulich ein E-Auto probiert – sie sagt, das fährt sich ganz leicht und leise, reicht völlig aus für die Stadt und bläst keine Schadstoffe in die Luft.

Sind das alle Vorteile?

Nein – sie sagt, wenn man mit dem E-Auto Ökostrom tankt, dann fährt man total umwelt- und klimafreundlich.

Wer kann uns denn mal Genaueres über Elektromobile sagen?

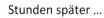 Stunden später …

Tom, ich habe mal gegoogelt – da habe ich „Emily" gefunden.

Hallo Emily!

 Hallo, ich bin Emily, das Elektroauto, also der PKW mit Elektroantrieb. Schön, dass ihr mich zu Wort kommen lasst! Die angenehmen Seiten meiner Technik habt ihr ja schon genannt – alles richtig! Aber ich tu´ mich ein bisschen schwer mit all den hohen Er-

© Springer Fachmedien Wiesbaden GmbH, ein Teil von Springer Nature 2018
K.-G. Heyne, G. Schmiedgen, *Autolust! Dieselfrust?*,
https://doi.org/10.1007/978-3-658-21609-2_3

wartungen, die an mich gestellt werden. Eure Politiker und Umweltverbände sehen noch nicht, was alles mit mir zusammenhängt und was an Problemen zu lösen ist, wenn es außer mir keine PKW mit Benzin- und Dieselmotoren mehr geben soll.

Was denn für Probleme?

Da ist zunächst der Alltagsnutzen. Wenn ich der einzige PKW in der Familie bin, also der Erstwagen, dann wollen die Menschen ein ständig verfügbares Auto mit viel Platz darin, das heißt fünf Sitze und genug Gepäckraum. Das bedeutet viel Fahrzeuggewicht, besonders durch das Batteriepaket*, das je nach Batterietyp **(Abb. 5)** viel mehr Raum einnimmt als der Treibstofftank. Werde ich, Emily, den ganzen Tag über gefahren, brauche ich die Nacht zum Stromtanken, in der Nacht bin dann nicht verfügbar.

Nun, darauf kann man sich vielleicht einrichten –
mit einem anderen Tagesablauf.
Was ist denn mit deiner Reichweite?

Das ist die nächste Frage von Bedeutung. Meine Reichweite* hängt ab von der Batteriekapazität*, dem Ladegrad* und dem Fahrverbrauch* in Kilowattstunden*. Bin ich klein, leicht und mutet man mir keine Heizung, keine Klimaanlage, keine Sitzheizung, keine Beleuchtung und kein entbehrliches Infotainment zu, fahre ich ziemlich weit – aber nur, wenn`s nicht besonders schnell sein muss. Außerdem fahre ich am weitesten im warmen Sommer, **(Abb. 6)**.

Das heißt, elektrisch fährt man zu kühl, zu heiß, ohne Licht, ohne Radio und kriecht so eben dahin im Schneckentempo, auch auf der Autobahn? Das geht doch gar nicht – da überholen doch ständig die LKW mit 90 km/h.

Geht natürlich nicht! Die Reichweite für die Autobahn muss angegeben werden für Tempo 120 km/h (Mindest-Winter-Reichweite), die Reichweite in der Stadt für Tempo 30 oder 50 (Maximale Sommer-Reichweite) – eine allgemeine Angabe für die Reichweite nach einem Testprogramm reicht nicht aus, sonst gibt es noch mehr Staus. Außerdem brauche ich einen „Amptimizer" (Ampère-Optimizer), also einen Strombegrenzer – sonst fahren die Kavaliersstarter beim Beschleunigen im Nu meinen Akku leer.

Und was ist mit deinen Schadstoffen, Emily?

Nun ja, im Fahrbetrieb vor Ort kein CO_2 und keine NO_x und ähnliche Stoffe, aber natürlich Feinstaub* durch Bremsbeläge, Reifenabrieb und Aufwirbelungen, wie meine Verbrenner-Kollegen. Auf die Stromerzeugung komme ich später zu sprechen, (Kapitel 8).

Und dein Herstellaufwand?

Mein Herstellaufwand an Roh- und Hilfsstoffen ist etwa so hoch wie bei den Autos bisher – inklusive Umweltbelastung – wenn man ehrlich rechnet!

Wie wirtschaftlich bist du denn?

Als Erstwagen bin ich momentan noch teurer als die alten Kollegen – als Zweitwagen, mit dem weniger gefahren wird, lohnt sich meine Anschaffung kilometerbezogen zur Zeit kaum – obwohl ich gerade in der Stadt als Einkaufs- und Beförderungsfahrzeug das Beste bin.

Ich denk mal an Alex, Maras Freund. Ob der noch Spaß hat an dir?

Ja und nein – die Psyche der Autofahrer und deren Gewohnheiten sind ein Riesenproblem für meine Existenz und Akzeptanz. Die „Freude am Fahren", wie z. B. beim TESLA S*, ist sicher mit mir eine Ausnahme für reiche Leute. E-Mobilität braucht kleine, leichte Autos und über kurz oder lang eine neue Tempostruktur auf allen Straßen und Autobahnen – die „Freie Fahrt für freie Bürger" findet wohl keine Fortsetzung mit der Elektro-Mobilität, leider – dagegen sprechen die viel höheren Stromspeicherprobleme gegenüber dem gewohnten simplen Treibstofftank. Elektrizität ist bekanntlich leitungsgebunden, nicht transportabel und viel schlechter speicherbar als Benzin und Diesel in Tanks.

Mehr Probleme hast du nicht?

Doch – noch zwei Beispiele: Ihr müsst erstens wissen, dass meine Fahrleistungen schwanken mit dem Ladegrad meiner Batterie, während meine „Verbrenner-Kollegen" mit dem letzten Tropfen Treibstoff im Tank genauso gut fahren wie mit dem vollen Tank. Und zweitens – bis ca. 30 km/h bin ich zu leise für manche Leute! Radfahrer und Fußgänger, mit dem Smartphone vor der Nase oder Stöpseln in den Ohren, richten sich im Verkehr auch nach ihrem Gehör. Für die Auto-Freaks klinge ich nicht rassig genug, die wollen Sound pur. Also bräuchte ich für Radfahrer und Fußgänger zur Warnung als Außengeräusch vielleicht ein künstliches V-8-Blubbern zu deren Sicherheit und …

… für die Freaks wie Alex im Innenraum einen künstlichen kernigen Porsche-Klang, natürlich regelbar …

Tom, das sind ja ganz neue Töne! Was ist aber nun mit deiner Stromversorgung, Emily?

8. Stromversorgung

Ja, als E-Mobil habe ich drei Probleme mit der Stromversorgung:
1. Die Erzeugung in Kraftwerken
2. Die Stromverteilung
3. Die Ladung meiner Batterien

So sehr ich mich freue und es mir schmeichelt, von der Politik so bevorzugt zu werden, so wenig kann meine E-Mobilität einfach „von oben" verordnet werden. Hat das Verkehrsministerium geschlafen? Ich brauche einen Riesenaufwand für Stromerzeugung, Verteilung und Baumaßnahmen für die Ladetechnik, ohne den die Leute mich nicht kaufen werden. Da muss die Politik an alle Stromversorger „herantreten", Stromkonzerne wie kleine Überlandwerke und Stadtwerke! Die müssen die Infrastruktur vorhalten, wenn ein nennenswerter Teil der PKW vollelektrisch fahren soll. Mit allen

Planungen, Genehmigungen, Einsprüchen, Prozessen und der eigentlichen Bautätigkeit kann das alles 5 bis 10 Jahre dauern und wird viele Milliarden kosten, Steuergeld und Privatgeld. So, jetzt noch ein Tipp: Denkt mal mehr über meine Geschwister, die Plug-in-Hybride nach! Warum verbindet ihr nicht das Bewährte mit dem Neuen?
Alles klar? Ihr meldet euch wieder?

Also das Stromtanken ist ein Problem? Bei den Verbrennern dauert die Tankfüllung nur ca. fünf Minuten einschließlich Bezahlung. Das war bisher ideal – da frag ich mal Onkel Hermann, der ist Energie-Fachmann.

Tage später ….

Na, was meint denn dein Energie-Onkel zur Stromversorgung?

Onkel Hermann sagt, das lässt sich nicht so einfach beantworten. Pauschal gesehen brauchen wir viel mehr Strom für viele E-Mobile, also mehr Kraftwerkskapazität, am besten aus Wind, Wasser und Sonnenlicht, **(Abb. 7)**.

Aber wir wollen doch immer mehr Atom- und Kohlekraftwerke abschalten, oder?

Ja, das ist richtig, sagt Onkel Hermann. Deswegen müssen neue Ökostrom-Erzeuger z. B. Windräder und Wasserkraftwerke her, zentral oder noch besser dezentral. Alle Energie, die bisher von Autos getankt wurde, also die Energiemenge in Benzin, Diesel oder Autogas, muss durch Strom ersetzt werden, wenn viele E-Mobile fahren sollen.
Darum darf die Politik den Ökostromausbau nicht bremsen oder stoppen!

Was meinst du mit **dezentraler** Stromerzeugung?

Dezentral bedeutet an vielen Stellen, selbst auf Hausdächern erzeugter Strom, dann braucht man nicht so viele dicke, lange Leitungen für die

Stromverteilung – denn den Strom zu jedem Ort, jedem Haus und jeder Ladestation zu bringen, erfordert einen riesigen teuren Netzausbau. Das ist die zweite E-Mobil-Klippe.

Strom ist doch in jedem Haus!

 Ja, sagt Onkel Hermann, aber nur z. B. für das Kochen, das Staubsaugen und das Fernsehen – nicht für die Strommenge, die ein E-Mobil tankt. Oder es dauert ganze Nächte, bis die Batterien voll sind. In wenigen Stunden kann ein E-Mobil nur geladen werden, wenn der Hausanschlusswert* praktisch verdoppelt wird – erst recht bei Erst- und Zweitwagen mit Elektroantrieb.

Alle, die ein E-Mobil fahren wollen, bräuchten dann also eine eigene „Tankstelle" am Stellplatz – geht das?
Wie geht das Laden* überhaupt – was ist daran so problematisch?

Mein Onkel meint, am Hausanschluss* bei normaler Ladestromleistung von z. B. 2,3 kW* bei 10 Ampère* Wechselstrom* (Schwach-Ladung) dauert eine Voll-Ladung ungefähr 12 bis 16 Stunden.

Dann können wir nur jeden 2. Tag fahren, oder?

Das geht schneller mit einer Wand-Ladestation* – die liefert bis zu 7,2 kW und braucht etwa 5 Stunden bei guten 30 Ampère (Stark-Ladung) – das ist so viel Energie, wie zwei Elektroherde mit allen Kochstellen im Vollbetrieb verbrauchen.
Noch besser laden kann man auch mit 40 kW Gleichstrom* bei 400 Volt* und starken 100 Ampère bis 80 % der Batteriekapazität (Schnell-Ladung), das dauert ungefähr eine Stunde – geht aber auf die Lebensdauer* der Batterie und die ist teuer, sagt mein Onkel. Diese CCS-Station* kostet mit Anschluss ca. 1000,- €.

Was machen denn die Laternenparker auf der Straße? Z. B. vor Mehrfamilienhäusern – das sind doch fast die Hälfte aller Privatautos?

Das ist das nächste Problem, das die E-Mobilität behindert und zu lösen ist:

In chinesischen Innenstädten mit vielen E-Autos hängen aus jedem Haus, aus jedem Stockwerk und aus jeder Wohnung lange Kabelleitungen aus den Fenstern und über den Gehsteig hinweg zu den E-Autos, E-Mopeds und E-Bikes, hat Onkel Hermann gehört.

Kaum zu glauben. Da stolpert doch jeder! Sind die Leitungen alle nummeriert und wie sieht das aus?! Kann ich mir in Deutschland nicht vorstellen!

Ja, Onkel Hermann meint, ehe man nicht durch vernünftige Verkehrskonzepte*, neue Ladestrukturen und viele Gesetzesänderungen (z.B. das Wohneigentumsgesetz, die StVO*, StVZO* und viele andere Regelungen), die Voraussetzungen schafft - und das kann Jahre dauern – gibt es keine flächendeckende E-Mobilität. Und was noch viel schlimmer ist, dass wir praktisch parallel zum bestehenden Tankstellennetz noch zwei weitere Netze einrichten müssen: Das öffentliche Ladenetz an Straßen, Autobahnen, Parkhäusern und Parkflächen und außerdem das verdoppelte private Ladenetz – alles das muss neu gemacht und standardisiert werden! Es gibt schon jetzt weltweit mindestens drei konkurrierende Stromladesysteme. Dazu kommen notwendige Buchungs- und Bezahlsysteme und … und … und. Außerdem hängt alles von der Anzahl der E-Mobile, also vom Kaufverhalten der Autokunden ab. Die kaufen nicht alles, was man ihnen anbietet, auch wenn es noch so vernünftig und politisch gewollt ist! Und ob ihnen das jeden Tag zu organisierende „Lade-Management" so gut gefällt wie bisher das gewohnte 5-Minuten-Tanken, bleibt auch eine offene Frage.

Aber in Norwegen gibt's doch schon so viele E-Mobile.

Der Onkel sagt, ja, weil sie vom Staat so stark gefördert wurden. Aber da ist inzwischen ein Rebound-Effekt eingetreten.

Was ist ein „Rebound"? So eine Art Rückschlag?

Ja, so eine Art Rückschritt durch Fortschritt! Vorher sind in Norwegen 65 % der Fahrten zur Arbeit mit dem Auto und 23 % mit dem Fahrrad gemacht worden. Nach Verbreitung der E-Mobile fahren 83 % mit dem Auto und nur noch 4 % mit dem Fahrrad – **28 % mehr Autoverkehr durch die E-Mobile ist nicht unbedingt der geplante, erhoffte Fortschritt.** Außerdem gibt´s eine Sache, die wichtiger ist als Auto und Transport: Unser Stromnetz! Wenn das nicht funktioniert, weil z. B. die E-Mobil-Ladung das Netz überlastet, es also zum Totalausfall, dem **Black-out** kommt, sind wir mit unserer gesamten **Zivilisation schlagartig zurück im Mittelalter.** Dann funktioniert keine Supermarktkasse, keine Tankstelle, keine Wasserversorgung, kein Computer und kein Telefon mehr – auch kein Feuerwehr- oder Polizei-Notruf. Mit allgemeinem Notstand entsteht „Selbsthilfe" bis zum bandenmäßigen Plündern – das Recht des Stärkeren.

Geht auch keines der 25 Millionen Smartphones?

 Nein, keines! Onkel Hermann wurde ganz ernst: Das Stromnetz wird durch die volatile (schwankende) Stromerzeugung von Wind-, Wasser- und Solarenergie immer empfindlicher und schwieriger steuerbar. Ein Muss für die neuen E-Mobil-Ladestationen sind fernsteuerbare Lastabwurfschalter, mit denen die Netzleitzentralen die Stationen bei Bedarf per Funkbefehl ab- und einschalten können. Ein weiteres Problem für zuverlässiges Laden. Das gilt auch für das Wiederanfahren des Netzes nach einem Black-out durch die wenigen Schwarzstart-Kraftwerke.

Schwarze Start-Kraftwerke – sind die illegal?

Nein – das heißt nur, dass sie ohne Hilfsenergie aus dem Netz selbständig anfahren können.

Emily hat also Recht – **sie ist nicht der einzige Ausweg!**
Obwohl das doch die Experten* behaupten!
Mein Vater meint außerdem, die Experten und Lobbyisten sind ein sehr spezielles Thema.

Randerscheinungen

9. „Experten"

Mein Vater sagte gestern: „Der Franz bringt mich auf die Palme!"

Was für ein „Franz"?

„Dieser selbsternannte Experte* mit seinen Sprüchen in der Zeitung und im Fernsehen – verwirrt die Leute und richtet einen Riesenschaden an – wie manche andere Besserwisser!" hat mein Vater geschimpft.

Was wissen die besser?

Solche Experten weissagen allen Leuten, vor allem der Politik, was das Ei des Kolumbus ist, z. B. die E-Mobilität, und was man dringend und sofort abschaffen muss, z. B. Dieselmotoren.

 Alle abschaffen? Das heißt doch: Wenn jeder der 15 Millionen Dieseleigentümer beim Verkauf seines Autos z. B. ca. 3.000,- € (z. Zt. 30 % vom Tageswert) weniger erhält, ist das eine Geldvernichtung von 45 Milliarden Euro und eine kalte Enteignung!

Mein Vater erklärte: „Nichts gegen Professoren – denen glauben viele Leute – aber die haben die Wahrheit nicht immer gepachtet. Je nachdem, wen sie beraten und wer sie bezahlt, machen manche ihre schlauen Sprüche und Gutachten. Manchmal sagen sie die halbe Wahrheit und schweigen über die unbequeme andere Hälfte oder sie liefern Zahlen und Statements, die jeder so oder anders für sich deuten und zitieren kann. Das gilt besonders für die Statistik*."

Merkt das keiner? Sind die Experten nicht dafür verantwortlich, dass sie den Diesel-Eigentümern möglicherweise einen Vermögensschaden von ca. 45 Mrd. Euro zufügen? Was sagen die Gerichte dazu?

© Springer Fachmedien Wiesbaden GmbH, ein Teil von Springer Nature 2018
K.-G. Heyne, G. Schmiedgen, *Autolust! Dieselfrust?*,
https://doi.org/10.1007/978-3-658-21609-2_4

Offensichtlich dürfen die das! Sogenannte Berater haben wenig Verantwortung für die Folgen ihrer Tätigkeiten. Die Folgen tragen die Betroffenen, z. B. bei Massenentlassungen oder Zusammenbruch von Firmen oder eben bei Verteufelung einer als Feind gebrandmarkten Technik – im Notfall tritt die Haftpflichtversicherung ein, die so ein Berater meistens hat, sagt mein Vater. Aber die ersetzt keine Diesel-Milliarden- Verluste.

Ist Franz der Einzige oder der Schlimmste?

Nein, wettert mein Vater, der Auffälligste zurzeit. Aber es gibt ähnliche Fanatiker und Organisationen, die getarnt als Verbraucherhilfe mit dem Umweltschutz Geld eintreiben – die findet meine Mutter ganz toll.

Und die wären? Umweltschutz ist doch gut!

Meine Mutter sagt, diese Leute sind so mutig und schlau.

Diese Leute sind also Experten für Recht und Unrecht?

Ja – behaupten sie, sagt Papa, und sie mahnen, drohen und klagen für die Umwelt.

Und was ist dagegen einzuwenden?

Vater meint, die übertreiben unter dem Mäntelchen des Verbraucherschutzes und als spendenwürdige Gutmenschen, um mittlerweile viele Millionen Euro an Geldern einzutreiben, ohne die Verhältnismäßigkeit zu wahren und die Folgen für die betroffenen Unternehmen und vor allem für die Autobesitzer zu bedenken – sind Diesel-Eigentümer keine schützenswerten Verbraucher?

Woher kommt denn das viele Geld?

Ein Beispiel: In seinem Autohaus, sagt ein Freund von Papa, haben solche Spitzel auch schon Rabatz gemacht und Verwarnungsgelder kassiert wegen fehlender Energieklassen-Schilder (statt Klage) und hohe Strafgelder angedroht im Wiederholungsfalle (und sich das unterschreiben lassen) – so ärgern sie die kleinen Betriebe und gegen die Städte holen sie mit ihren Klagen die Brechstange raus, ohne Rücksicht auf die gewaltigen Folgen.

 Bei diesen Umwelt-Ideologen fehlen wohl Ethik, Augenmaß und Zeitgefühl. Gibt es nicht auch schon länger diese Mahnanwälte, deren Geschäftsmodell so ähnlich läuft mit den Urheberrechtsfragen?

Hab ich auch gelesen – aber noch schlimmer sind die vielen Lobbyisten* der Konzerne und Interessengruppen, glaube ich.

Beim Stichwort „Lobbyisten" hat meine Oma Sophia neulich ihre Weisheit losgelassen …

Da bin ich gespannt!

Meine Oma hat wieder ihren Vergleich herausgeholt: Gesellschaft und menschlicher Körper. Sie meinte, beide sind Gesamtsysteme aus vielen Teilsystemen …

Klingt wirklich weise …

… lass mich weiterreden, Lisa!
Alle Teilsysteme müssen im Sinne und zum Wohle des Gesamtsystems beitragen, sonst wird das Gesamtsystem - die Gesellschaft wie der Körper – krank und ist unter schlimmen Umständen nicht mehr lebensfähig.

Tolle Parallele – aber was hat das mit Experten und Lobbyisten zu tun?

Oma Sophia sagte, diese Leute dürfen nichts übertreiben, indem sie nur sich und den Vorteil ihres Teilsystems sehen und blind dafür kämpfen – also die Experten und Lobbyisten nur für ihre Ideologie und für ihre Brötchengeber. Im Körper sind das Wucherungen von Zellen oder Organen ohne Grenzen und ohne Nutzen für den Gesamtorganismus – reines Wachstum, das die Umgebung zerstören kann bis zum Tod – sowas nennt man Krebs!

Was hast du für eine philosophische Oma!

Sie meinte das ganz ernst: Wer die Menschen, vor allem die Entscheidungsträger, sowohl in der kleinen als auch in der großen Politik, falsch berät, beeinflusst oder verunsichert, verhält sich wie der Krebs – dem ist auch egal, wohin sein ungehemmtes Wachstum führt, er hat kein Unrechtsbewusstsein.

Tom, kann daran also auch unsere Gesellschaft krank werden?

Oma sagte: Unsere Gesellschaft hat doch so viele Ziele – die bloße Existenz, finanzielles Auskommen, möglichst viel Lebensqualität, aber nicht auch noch Umweltstress und immer neue Feindbilder - die ärgern die Psyche der Leute und können genauso krank machen wie vielleicht etwas mehr Schadstoffe in der Lunge.

Mein Vater sagte dazu gestern abend, dass unter den Umweltschützern, kleinen autohassenden, sogenannten Verkehrsclubs oder alles besser wissenden Online-Campaignern mit meist nur anonymen „Likes" nicht nur Gutmenschen sind, sondern auch beinharte Lobbyisten, die Autos und deren Hersteller verunglimpfen, beleidigen wie schlimme Feinde, Gesetze und Zahlen verdrehen, Studienergebnisse als Fakten ausgeben und ihre Mitglieder in manchem ideologischen Irrglauben bestärken. Damit überzeugen sie nur die einfachen Gemüter und bei den Klügeren erzeugen sie Widerwillen und Abwehrhaltung, also Spaltung und noch mehr Uneinigkeit.

Hätte ich nicht gedacht – meine Oma meinte außerdem: Wir brauchen Leute, die nachdenken und beraten können, ohne Eigeninteressen zu haben – die wirklich unabhängig vom Geld sind – die genauso Idealisten wie auch

Pragmatiker sind. Die Politiker sind meist keine Fachleute und haben oft nur Angst vor Machtverlust oder um ihre Wiederwahl. Und meine Oma weiß noch viel mehr dazu. Sie sagt, dass die Experten und Lobbyorganisationen so starke Sprüche über die Autos und ihre Motoren machen, z. B. in der Zeitung, weil das Auto vor allem Beweglichkeit ist, also das Urbedürfnis nach Freiheit und Leichtigkeit stillt. Davon fühlt sich praktisch jeder betroffen – über Industrieanlagen oder Hausheizungen und deren Schadstoffe liest oder hört man selten etwas, obwohl z. B. die NO_2-Emissionen ähnlich groß sind wie die des Verkehrs. Diese Schadstoffquellen haben aber nichts mit Emotionen und Freiheitsgefühl zu tun.

So eine belesene Oma hätt´ ich auch gerne. Aber wir Jungen haben doch auch Ideale und viele gute Ideen – die sollten wir mal sammeln und mit den Älteren abstimmen – die haben das Sagen und das Geld!

Und die Wirtschaft, die Industrie, Handel und Gewerbe – was sollten die tun?

Dazu müsste doch dein Onkel Hermann aus seiner Firmenpraxis was sagen können …

Ja, der hat neulich erzählt, dass die Profis in den Unternehmen und im Gewerbe ebenfalls gefragt werden wollen. Ich denke, dass die oftmals viel bessere Experten sind, nämlich Leute mit praktischer Erfahrung, quasi am eigenen Leib und ein ganzes Stück bescheidener als die angeblichen Alleswisser.

Vor allen Dingen, meine ich, die Praktiker, die Autoverkäufer, die Werkstätten, die Autoverleiher, die Fuhrpark-Betreiber, Baumaschinen-Verleiher und Spediteure wie mein Vater sind wichtig, die sollten sich die Politiker und die Mitbürger mal anhören.

10. Juristisches

Lisa, viele Leute reden und schreiben von „Schummelei" und sogar von „Betrug" und „krimineller Energie" der Autohersteller – als ob die alle Verbrecher wären!

Meine Tante Uta sagt, so einfach ist die Sache nicht, wenn man das alles rein juristisch sieht.

30

Was heißt rein juristisch?

Unter dem Aspekt des geltenden Rechts.

Was ist geltendes Recht? Ist das Gerechtigkeit?

Nicht unbedingt – das sind die jeweils gültigen Gesetze, Normen, Regeln und Vorschriften, auch Kaufverträge, z. B. wenn jemand ein Auto kauft, sagt die Tante.

Was steht in so einem Kaufvertrag* drin?

Na, der Autotyp, der Motortyp mit Leistungsangabe, die Farbe, die Mehrausstattung z. B. die Polsterfarbe, das Bestelldatum und natürlich der Preis mit Liefertermin.

Und was ist mit dem Verbrauch*, Fahrleistungen und den Abgasschadstoffen NO_x? Werden die garantiert?

Je nachdem, ob sie im Kaufvertrag stehen oder nicht, werden sie gewährleistet.

Was heißt denn **gewährleistet**?

Auf die Gewährleistung* hat der Käufer meist zwei Jahre lang einen Rechtsanspruch aus dem Kaufvertrag.

Aber diese Daten stehen doch in den Verkaufsprospekten der Autohersteller! Ist das nur buntes Papier?

Meine Tante sagt: „Schau mal auf das Kleingedruckte – da steht meistens ‚unverbindlich' oder ‚Vergleichswerte' oder ‚Diese Daten können nicht Vertragsinhalt sein'. Das ist wichtig für die Vertragspartner!"

Wer ist denn Vertragspartner des Autokäufers?

Eben nicht der Hersteller, sondern das Autohaus! Letzteres kann diese Daten in den Kaufvertrag hineinschreiben – tut es aber nie, um sich zu schützen vor Forderungen des Käufers. Diese Daten und Eigenschaften vollständig nachzuweisen, wäre sehr aufwändig, teuer und ist unüblich.

Dann müssen weder der Hersteller noch das Autohaus z. B. die NO_x-Werte gewährleisten?

Ich habe mir Folgendes notiert: Rein juristisch ist es so – allerdings schadet es dem Image des Herstellers und des Autohauses, wenn andere Eigenschaften im Alltagsbetrieb vorhanden sind als in exakten Prüfstandmessungen. Dass war bisher immer so und jeder hat´s akzeptiert. Die bisherigen EU-reglementierten Messungen sind teilweise wirklichkeitsfremd, aber gut vergleichbar mit der Konkurrenz, und sie wurden 1992 so festgelegt per Gesetz, sind also absolut legal, **(Abb. 10)**.

Über etwas Legales kann man dann überhaupt nicht meckern oder dagegen klagen.

Tante Uta meint, diese Gesetze sind mit Hilfe der Lobbyisten zwischen den Herstellern und dem Gesetzgeber ausgehandelt, damit sie technisch durchführbar, wissenschaftlich möglichst einwandfrei messbar und durchsetzbar sind.

Die Zulassungen und ihre Prüfstandsmessungen entsprechen wohl deshalb nicht dem realen Alltagsbetrieb, weil jedes Auto anders ausgestattet ist und jeder Mensch anders fährt – sei es nun ein begeisterter junger Auto-Freak mit „Freude am Fahren" oder ein sparsamer Opa, der vorsichtig fährt, denke ich.

Den konstanten repräsentativen **Alltagsverbrauch** eines Autos kann man also überhaupt nicht angeben, weil er von zu vielen Feinheiten wie Ausstattung, Gewicht und Fahrweise abhängt, **(Abb. 11)**.

Genau – jahrzehntelang waren die Autokundschaft und der Gesetzgeber zufrieden mit den „Testverbräuchen" z. B. der Auto-Zeitschriften, die immer 2 bis 3 dm³/100 km über den „Werksverbräuchen" lagen. Das hat man nicht als mogeln empfunden.

Warum ist der Alltagsverbrauch jetzt so wichtig, Tom?

Weil seit 2009 die Steuerberechnung abhängt vom Werksverbrauch, also von exakten Prüfstandswerten. Vorher wurde die Steuer allein nach dem Hubraum bemessen. Das war einfach. Jetzt sollen plötzlich die tatsächlichen, total schwankenden Straßenverbräuche als Steuer-CO_2-Werte zählen. So gibt es seit Herbst 2017 mit den neuen Schadstoffklassen EURO 6b bis 6d vernünftigere Lösungen.

Hinzu kommt, sagte Tante Uta, dass die Hersteller legaler Weise die Abgasreinigung zwischenzeitlich auch beschränken oder kurz mal abschalten durften, wenn Gefahr für die Motorfunktion bestand – das stand im Gesetz so drin. Das wurde aber nicht ohne zwingenden Grund und böswillig gemacht.

In Europa hat das viele Jahre lang niemanden gestört, bis die Amerikaner Alarm geschlagen haben: Bei europäischen Dieselmotoren sind sie pingelig, aber bei ihren Riesenmengen Benzin fressenden PKW und LKW total großzügig.

Tante Uta meint außerdem, dass da noch die Begriffe „Typengenehmigung" (TG) und „Betriebserlaubnis" (ABE) ins Spiel kommen.

 Kann nicht jeder irgendein Auto bauen und verkaufen?

Nein, ein Auto-Typ mit all seinen Eigenschaften muss eine teure Einzelgenehmigung oder eine Typengenehmigung haben.

Und die TG besagt?

Dass ein Auto nur, wenn es mit den Gesetzen übereinstimmt, in Serie hergestellt werden darf, so sagt Tante Uta.

Wozu die Betriebserlaubnis?

Die bedeutet, dass ein Käufer ein typengenehmigtes Serien-Auto bekommt und betreiben darf – steht im Fahrzeugbrief.

Wer gibt die Typengenehmigung und die Betriebserlaubnis aus?

Das Kraftfahrt-Bundesamt in Flensburg (KBA) – das weiß sogar ich.

Lisa, weißt du auch, wie lange TG und ABE gültig sind? Und sind sie kündbar?

Laut Tante Uta gelten sie bis zur Außerbetriebsetzung oder wenn am Auto etwas Wesentliches verändert ist. Einfach kündbar sind sie nicht.

Wohl so eine Art Bestandschutz*. Was ist denn „wesentlich"?

Ich hab´mir das aufgeschrieben: Wesentlich sind die Daten in der Typengenehmigung. Die ABE erlischt, wenn man die Fahrzeugart, das Abgas- oder das Geräuschverhalten verändert oder die anderen Verkehrsteilnehmer gefährdet.

Was heißt das für den sogenannten „Diesel-Skandal"?

Das hab ich die Tante auch gefragt: Sie sagt, ganz genau wird wohl niemand den Sachverhalt aufklären können – auf jeden Fall scheinen die Hersteller und das KBA daran beteiligt zu sein. Aber das KBA kann seine Genehmigungen nicht ohne weiteres zurückziehen. Die Gerichte tun sich schwer, die Rechtslage eindeutig zu klären – die Materie ist verzwickt und es hängt einfach zu viel von verschiedenen Gutachten und Sichtweisen ab. Am besten und genauesten könnten wir uns in dem guten Fachbuch von K. Borgeest „Manipulation von Abgaswerten", Vieweg Verlag 2016, informieren, empfiehlt Tante Uta.

Ich denke, dass alle Beteiligten daraus gelernt haben sollten: Die Hersteller bauen mehr Reserven ein bei der Schadstoffminderung, damit die auch im Alltag ausreicht, und das KBA schaut genauer hin und prüft mehr. Aber das dauert viele Monate, wenn nicht Jahre. **Jede Änderung der Steuer-Software und jeder zusätzliche Einbau an Teilen (Hardware) in ein Serienauto muss nämlich geprüft und genehmigt werden.**

Mein Vater meint dazu, diese Diesel-Hetze kann ein volkswirtschaftlicher Super-Gau werden und ist unverantwortlich. Und mein Opa sagt, die Diesel-Besitzer sollten, wie bei den Aktien, nicht die Nerven verlieren – Diesel-Autos werden nach wie vor gebraucht, gebaut und gekauft.

Auf keinen Fall sollten die Dieselautos jetzt verkauft werden, richtig?

Genauso ist es – Tante Uta ist nebenbei auch „Börsianerin" und sie bringt den Vergleich, dass Diesel-Autos momentan wie fallende Aktien betrachtet werden können.
Sie sprach übrigens noch zwei ganz andere Dinge an, zwei Ungerechtigkeiten, weil wir doch nach Gerechtigkeit gefragt haben.

Da bin ich gespannt!

Sie sagt, die Externalisierung der Lagerkosten der Industrie sei ungerecht.

Was ist Externalisierung?

Die Verlagerung von Privatkosten hinaus in den öffentlichen Raum zu Lasten der Allgemeinheit.

Und wie soll ich mir das vorstellen?

Tante Uta sagt, dass sie nachts kaum einen Autobahnparkplatz findet, der nicht mit LKW vollgestopft ist. Vor allem die unbeleuchteten kleineren Parkplätze seien für PKW tabu, praktisch für PKW unbenutzbar und durch LKW versperrt – ein rechtsfreier Raum.

Wieso rechtsfrei?

Da wird wild geparkt – selbst die Polizei kommt nicht mehr rein – die LKW-Leute sind da unter sich. Da wagt sich keine Frau und auch kein Mann rein.

Das geht doch gar nicht!

Doch, sagt sie, damit hat die Industrie ihre Lagerflächen eingespart und auf die LKW verlagert, die dort warten und dann just-in-time zu den Fabriken liefern.

Das nimmt der Steuerzahler so hin?

Offensichtlich – Tante Uta hat noch ein künftiges Gerechtigkeitsproblem: Wenn es sauberen Strom geben soll für viele E-Mobile, brauchen z. B. die Kohlekraftwerke noch teurere Filteranlagen gegen ihre Schadstoffe. Auch die vielen neuen Leitungen und die neuen Wind- und Wasserkraftwerke kosten viel Geld. Das zahlen dann in Zukunft auch die Stromkunden mit, die gar kein E-Mobil haben – das ist ungerecht und unsozial, sagt sie.

Was die Technik bietet

11. „Schlafende Industrie"?

Tom, meine engagierte Mutter sagt: „Die Industrie hat den Wandel ver-schlafen!"

Inwiefern – **welchen** Wandel?

Sie hat auch gleich Krach gekriegt mit meinem Vater und mit meinem Opa. Also gemeint ist die Auto-Industrie insgesamt, besonders die deutschen PKW-Hersteller...

Wieso der Krach?

Weil mein Papa eine andere Meinung hat, die er aber meiner Mutter nicht sagen darf – um des lieben Friedens Willen. Da hab ich meinen Motoren-Opa gefragt.

Gute Idee – was denkt der so?

Also „verschlafen" sei wirklich krass, sagt mein Opa. Solange er vom Fach ist – also seit 50 Jahren – hat er die ständige, mühsame Weiterentwicklung der Verbrennungsmotoren mitverfolgt. Und bis vor drei Jahren seien die meisten Benzin- und Dieselfahrer ganz zufrieden bis total begeistert gewesen.

So ein Rückblick über 50 Jahre ist bestimmt aufschlussreich!

Ja, mein Opa wurde ganz nachdenklich. „Bevor ich mich 1967 zum Studium des Motorenbaus entschied, habe ich wirklich überlegt, ob mir die Motorentechnik ein ganzes Berufsleben lang ein auskömmliches Einkommen sichern würde – das hat sie – es gab genug zu tun und ich habe die Entscheidung nie bereut."

© Springer Fachmedien Wiesbaden GmbH, ein Teil von Springer Nature 2018
K.-G. Heyne, G. Schmiedgen, *Autolust! Dieselfrust?*,
https://doi.org/10.1007/978-3-658-21609-2_5

Was gab es denn zu tun?

Mein Opa meint, die Autotechnik und der Motorenbau sind über 100 Jahre unaufhörlich verbessert worden – allein durch die starke Konkurrenz und den Hunger der Menschen nach immer leistungsstärkeren, sparsameren und schadstoffärmeren Fahrzeugen und Motoren.
Jede Änderung der Käuferwünsche ist so schnell und so gut wie möglich befriedigt worden – so gut das eben bei einem teuren Großserienprodukt wie dem Auto technisch und kaufmännisch machbar ist.

Warum heißt es trotzdem, die deutsche Automobilindustrie habe den Wandel verschlafen?

Dazu meint Opa:
Das Gerede vom Wandel ist sehr voreilig und unüberlegt: Kommt dieser Hoppladihopp-Wandel überhaupt? Jetzt statt Verbrennungsmotoren die E-Antriebe und in 20 Jahren wieder alles umgepolt auf Wasserstoff-Motoren und Brennstoffzellen und so weiter alle paar Jahrzehnte???

 Damit würde jedes Mal die vorhandene, teure und insgesamt bewährte Technik verloren gehen – alles plötzlich Schrott? Wer soll das bezahlen und wie werden sich die Entwickler fühlen, die mit ihren Leistungen so lange den Markt bereichert und die Fahrer mobil gemacht haben? Was sagt die Kundschaft dazu?

Mehr analytische Überlegungen und Bedachtsamkeit wären gut, meint mein Opa – schließlich hat die millionenfache Kundschaft entscheidend mitzureden. Die Leute kaufen nicht alles, was ihnen vorgesetzt wird. Immerhin ist das Auto nach dem Eigenheim die zweitgrößte Investition im Leben, die will gut überlegt und auf die individuellen Bedürfnisse jedes Käufers und seiner Familie zugeschnitten sein. Außerdem gibt es z. B. die sozialen Dienste und mehr Singles mit eigenem Bedarf an kleineren Autos.

Und die Leute wollen auch noch Freude und Freiheit damit verbinden.

Ja, nur weil ein Milliardär mit Ideen in Amerika vorprescht, muss das Gesamtkonzept durchaus nicht alleinseligmachend sein, sagt Opa, so schnell wandelt es sich nicht!

Schau mal, Lisa – wir haben wieder einen Gast im Chat!

Wieder die Emily?

Nein, er nennt sich „Diedi" und fühlt sich sau-unwohl.

Hallo, ihr beiden, ich bin Diedi, der Dieselmotor!

Hallo Diedi!

Hilfe, hab´ voll die Panik – man will mich entsorgen!

Wieso das denn – du bist doch ein ganz cooler Typ!

Meine Besitzer sollen mich bei lebendigem Leib verschrotten und sich teure E-Mobile kaufen – mit Staatszuschuss!

Warum denn gleich verschrotten? Du bist doch noch gut in Form!

Wenn ich wenigstens im Osten neue Freunde fände und dabei mit meinen EURO-Plaketten 1 bis 4 dort für bessere Luft sorgen könnte als die noch viel älteren Kisten – aber mich in der Blüte meines Lebens abzuschlachten – voll krass!

Klingt ja dramatisch – wie kommt es denn dazu?

Ich geb´ es ja zu – meine Stickoxide sind derzeit mein Problem. Aber da gibt's doch das SCR-Verfahren – zusammen mit meinem Partikelfilter bin ich wieder ganz o.k., **(Abb. 1)**.

Jetzt möchte ich aber Genaueres wissen – erzähl mal aus deinem Leben!

Vor 50 Jahren war ich überall das Muster an Zuverlässigkeit, Gutmütigkeit und Sparsamkeit. Wenn ich mal am Laufen war, dann ging ich nicht mehr aus, solange Diesel im Tank war. Überall hat man ich gebraucht und geschätzt: Im LKW, in der Landwirtschaft, bei der Feuerwehr, als Stromaggregat und auch in vielen PKW habe ich bestens funktioniert. Zugegeben, ziemlich laut war ich anfangs beim Kaltstart und lief mit viel Ruß bei Überlastung, aber …

Wie ging es weiter mit dir?

Ja, dann in den 1980er/90er Jahren wurde ich total verbessert und kultiviert, d. h. meinen Ruß gab es nicht mehr, meine Leistung stieg gewaltig, ich wurde noch sparsamer und meine Laufkultur wurde annähernd so gut wie die meines Kollegen Otto, den ihr noch kennen lernen könnt, wenn ihr wollt. Seitdem heiße ich TDI, CDI oder dCi und habe eine Super-Höchstdruck-Speicher-Einspritzung, die nennt sich Common Rail, was „gemeinsame Schiene" heißt …

Jetzt wird´s mir zu technisch!

Gut – zusammengefasst bin ich eine feine, moderne Antriebsmaschine, die mit doppelten Innendrücken und mit halber, gemütlicher Drehzahl gegenüber dem geschätzten Kollegen Otto über 15 Millionen Menschen in Deutschland Nutzen und Freude bringt …

… was man von überwiegend mit Kohle- und Atomstrom gespeisten E-Mobilen nicht ohne Vorbehalt sagen kann, **(Abb.7)**.

Nein, aber bezüglich der Emily will ich fair sein: Wenn mal in vielleicht 20 bis 30 Jahren nur noch Ökostrom ohne Kohle und Atom zu Verfügung steht, wird die E-Mobilität neben Otto und mir schon ihre Einsatzbereiche finden, das ist sicher und gut so!

Wo wird man dich denn weiterhin gut gebrauchen können?

Wir Dieselmotoren haben unsere Stärke in Langstrecken-PKW, LKW, Bussen, Krankenwagen, Fuhrparks, Feuerwehr, Baumaschinen und Stromaggregaten, außerdem natürlich in Binnen- und Seeschiffen aller Art – dort kann uns so bald niemand ersetzen!

Woran liegt das und was ist der Unterschied zwischen dir und den Benzinmotoren?

Da schalte ich mal einen Link zu meinem Kollegen Otto, ja?

12. Benzinmotor

Hey, Leute, ich bin Otto, der Benzinmotor – der große Bruder von Diedi –, denn ich bin 21 Jahre älter! Ich wurde 1876 als Gasmotor* geboren, als Viertaktmotor meines Vaters Nikolaus Otto, daher der Name. Im Jahre 1885/86 bauten Carl Benz und Gottlieb Daimler mich zum ersten Mal in ihre Autokutschen ein. Erst gegen 1893 wurde ich ein Benzinmotor.

Was ist denn bei dir anders als bei Diedi?

Ich bin ein Schnellläufer mit hoher Drehzahl und niedrigeren Innendrücken, darum laufe ich etwas leiser, bin leichter und schnurre mehr als Diedi, habe aber nur halb so viel Durchzugskraft in den unteren Gängen, leider.

Gab´s oder gibt´s bei dir auch Probleme?

Ja, die Ingenieure haben jahrzehntelang entwickelt, um mich auf den heutigen hohen Stand zu bringen – vor allem, den Vergaser durch Einspritzanlagen zu ersetzen, die viel genauer und besser steuerbar arbeiten.

Trotzdem wird ja auch über dich gemeckert.

Nun ja, in den 1980er Jahren waren meine Abgasschadstoffe zu hoch, deswegen hat mir der damalige Innenminister Zimmermann den Dreiwege-Katalysator verordnet – dann war Ruhe. Denn damals galten Diedi und sein Verbrauchs- und Abgasverhalten sogar als Vorbild für mich.

Und wie sieht´s heute aus?

Heute braucht man mich sowohl in kleinen Autos als auch in großen und auch in schnellen Autos, z. B. in der Formel 1, in kleinen Stromaggregaten, in kleinen und mittelgroßen Flugzeugen und als Außenbordmotoren für Motorboote …

Ja, ja, gut – du schnurrst an vielen Stellen – aber wo ist da ein Problem mit dir?

Durch meine Common-Rail-Direkteinspritzung bin ich viel stärker und sparsamer geworden, aber meine Feinstaubpartikel haben zugenommen.

Lässt sich dagegen nicht etwas tun – die Dieselmotoren haben doch schon solche Partikelfilter, oder?

Ja, richtig, die brauche ich jetzt auch, zusätzlich zu meinem Katalysator – dann sind hoffentlich wieder alle zufrieden.

Dann könntest du ja den Diedi ersetzen, als Alternative, stimmt's? Und wenn ihr beide, Diedi und Otto, euer Schadstoffproblem gelöst habt durch Katalysator und Filter, dann brauchen wir doch nicht so viele teure E-Mobile wie Emily – obwohl ich sie voll geil finde.

Ehrlich – in den engen Städten können wir Verbrennungsmotoren mit Emily nur mit Mühe konkurrieren. Sie fährt einfach sauber, weil ihre Schadstoffe quasi in den Kraftwerken bleiben, bis auf den Feinstaub durch Brems- und Reifenabrieb, den macht sie auch. Mein Nachteil gegenüber Diedi ist aber der höhere Verbrauch, daher mehr CO_2, und außerdem im Abgas anteilig doppelt so viel CO_2, (-> Abgas).

Und wie geht es weiter mit dir, Otto?

Ich vertrage viele alternative Kraftstoffe, die schadstoffärmer verbrennen, und ich vertraue den Ingenieuren und Chemikern mit ihren Weiterentwicklungen und vor allem meinen Fans unter den Autokunden.

Was gibt´s denn noch Anderes als Benzin und Diesel-Kraftstoff?

13. Alternative Kraftstoffe

Alternative Kraftstoffe sind eine super Idee – ich schlucke vieles!

Wie meinst du das?

Naja, ich war ja mal ein Gasmotor, vor über 130 Jahren – diese Gene hab ich noch! Ich kann statt mit Benzin auch mit Gas betrieben werden, z. B. LPG* (Flüssig- oder Auto-Gas – wie das Camping-Gas zum Kochen), wenn ich dafür technisch eingerichtet werde oder auch LNG* (Tieftemperatur-Erdgas).

Und was ist mit Gasverbrennung besser?

Meine Verbrennung ist sauberer mit weniger Schadstoffen.

Gibt´s noch andere Gase für Ottomotoren?

Ja, z. B. CNG* (Hochdruck-Erdgas)

Ich habe aber noch nicht so viele Gasmotoren-Autos gesehen.

Man erkennt sie auch nicht von außen, aber es fahren in Deutschland rund eine halbe Million Gasautos. Der Nachteil dieser Gas-Kraftstoffe ist aber, dass sie wie Benzin und Diesel irgendwann zu Ende gehen, also nicht nachwachsen und dass sie auch etwas NO_2 erzeugen, also Augen und vielleicht kranke Lungen reizen können.

Gibt´s noch andre Nachteile?

Gasmotoren brauchen Gas. Das kommt aus der Erde und ist irgendwann verbraucht, also nicht mehr verfügbar. Es gibt allerdings einige neue gute Tricks, die sogenannten e-Fuels (Ersatztreibstoffe): Man kann inzwischen Treibgase wie z. B. Methan (CH_4) aus Wasser und CO_2 gewinnen mit Hilfe eines Elektrolyse-Verfahrens – dafür braucht man viel Strom, am besten aus Wind, Sonne oder Wasserkraft, also ökologisch erzeugt. Das Ganze heißt auch Power-to-Gas oder EE-Gas. Das kann auch Speicherprobleme lösen – so kann man inzwischen immer mehr Kraftstoffe für Verbrennungsmotoren künstlich herstellen. Solche Synthese-Kraftstoffe gibt´s auch für Dieselmotoren, z. B. den OME (Oxy-Methylen-Ether, bestehend aus Methanol und Formaldehyd). OME ist flüssig, hat eine hohe Energiedichte und ist in Tanks leicht zu speichern und zu transportieren. OME wird aus CO_2, Wasser und Strom gemacht, aber großtechnisch bisher nur in China. An OME und den nötigen Motor-Modifikationen wird eifrig und erfolgreich geforscht und entwickelt, auch mit Hilfe von Staatsgeldern.

Das hab ich noch nicht geschnallt – da frag ich mal meine Mutter. Tschüs, Otto – mach´s mal gut!

Stunden später ...

Was meint deine Mutter, Tom?

44

Sie sagt, eines der Hauptprobleme der Menschheit ist das Energieproblem.

Was für Energie – gibt´s denn nicht genug?

Nein und ja – in der Erdkruste* ist die Energie aus Öl und Gas begrenzt und wir verbrauchen sie heute ungefähr eine Million mal schneller, als sie mal von der Sonne durch die verfaulten Pflanzen „erzeugt", also gespeichert wurde.
Nein, s´gibt nicht genug! Ja, kann man sagen, weil immer noch reichlich Energie von der Sonne gesendet wird, die wir durch Windanlagen, Wasserkraftanlagen und Solarkollektoren auffangen können – aber dies ist auch die einzige Energieform, die die Erdbevölkerung noch reichlich bekommen kann, sonst nichts! An die Erdwärme kommen wir nur schwer heran.

Aber das machen wir doch schon – reicht das nicht? Ich hab gelesen, wir haben in Deutschland schon ca. 39 % installierte Regenerativ-Stromleistung*, die im Jahre 2014 aber nur ca. 21 % des deutschen Stroms erzeugt hat, **(Abb. 7)**.

Meine Mutter schimpft über unsere Bundesregierung, weil die die Vergütung für solchen Öko-Strom wieder gedrosselt hat – das geht überhaupt nicht, sagt sie – ohne ganz viel Strom ist kein Problem zu lösen, erst recht nicht die E-Mobilität!

Warum hilft die Chemie denn nicht, auch wenn sie nicht so beliebt ist – wie oft höre ich: „Mag ich nicht, da ist Chemie drin!"

Chemie ist überall im Spiel. Die mechanische Energie, die wir zum Antrieb der Autos in Form von Drehmoment an den Rädern brauchen, entsteht immer aus chemischer Energie – aus den Kraftstoffen der Verbrennungsmotoren oder aus den Batterien der E-Autos. Ist dir das nicht klar?

Doch, ich weiß, man kann elektrische Energie in chemische Energie oder in mechanische Energie umformen und umgekehrt – wie es am praktischsten ist.

Meine Mutter als Chemikerin fragt, warum man noch nicht den Wasserstoff* intensiver nutzt. Der lässt sich im Gasmotor und Dieselmotor verbrennen oder in einer Brennstoffzelle* in Strom für E-Mobile umwandeln – das gibt´s doch schon.

Ist Wasserstoff nicht die perfekte Lösung?

Onkel Hermann als Ingenieur sagt dazu, **nichts ist perfekt**! Auch Wasserstoff hat Vor- und Nachteile: Verbrennt man ihn mit Luft im Gasmotor oder Dieselmotor, entsteht auch z. B. NO_2. Die schadstofffreie Brennstoffzelle hat Zukunft, wenn die Wasserstoff-Erzeugung klappt. Wasserstoff ist keine vorhandene Energie, sondern eher ein Speichermittel – mehr als die hineingesteckte Erzeugungsenergie kann man nicht nutzen. Zur Herstellung aus Wasser braucht man Strom, möglichst Sonnenstrom. Und um da, wo  die Sonne viel scheint, z. B. in der Sahara, großtechnische teure Anlagen mit Meerwasserentsalzung und Sonnenenergie zu betreiben, hätte unsere Politik schon seit mindestens 20 Jahren mit den dortigen Völkern und Stämmen verhandeln müssen. Aber da sind unsichere Verhältnisse und deshalb investiert niemand gern. Außerdem ist der Transport hierher ein Problem und bedeutet viel Umweltbelastung – wie überhaupt jede Form von Transport. Inklusive aller Verluste und des Transports ist Wasserstoff nicht besser als andere Energien, aber er verbrennt oder wird verstromt ohne CO_2-Erzeugung.

Wie kommt der Wasserstoff hierher?

Laut Onkel Hermann z. B. per Schiff in flüssiger Form.

Und die Speicherung – ist die so einfach wie Benzin, Diesel oder Camping-Gas?

Nein, so einfach wird die Technik der Zukunft nie wieder, meint Onkel Hermann – im Gegenteil, wir müssen alle technischen Fortschritte mit höherem Aufwand und mehr Kompliziertheit erkaufen. Die Speicherung von Wasserstoff erfolgt in Drucktanks bei ca. 250 bar, in Metallhydrid-Absorptionstanks oder in Tiefkühltanks. Beispiel: Im Fahrzeugtank bei max. 5 bar wiegen 140 Liter flüssiger Wasserstoff ca. 60-70 kg – das entspricht ca. 40 Liter Benzin für 400 km. An neuen Tankprinzipien für Wasserstoff wird weltweit intensiv gearbeitet.

Wenn nicht aus der Sahara, woher soll der Wasserstoff dann kommen?

Dezentral, sagt Onkel Hermann, nahe den Verbrauchern, aus kleinen Anlagen – da gibt es viele Möglichkeiten, z. B. solar in Wasserstoff-Häusern wie in Amerika oder aus Methan oder Methanol oder ...oder ... es gibt eine Menge an Verfahren.

Ich glaube, ein Problem ist dabei, dass die Stromkonzerne und auch die Politik- und Wirtschaftsstrukturen kleine individuelle Lösungen nicht mögen, weil sie aufwändiger zu verwalten, schwerer zu kontrollieren und nicht so profitabel für sie sind.

Meine Mutter fragt auch, warum nicht mehr Biokraftstoffe aus der Landwirtschaft eingesetzt werden – die seien doch „klimaneutral".

Trotzdem blasen sie CO_2 (Kohlendioxid*, das Klima-Gas) und Schadstoffe in die Atemluft - erfreuen zwar die beteiligten Landwirte, sind aber wohl nur als Teillösung und zum Übergang von Benzin und Diesel zu neuen Lösungen zu bewerten.

Haben wir nur noch Ökostrom, sagt Onkel Hermann, dann hat Wasserstoff auch eine gute Chance – aber die Politik muss diese Technologie weltweit in Gang bringen, sonst wird das nichts!

Immerhin gibt es doch schon einige Wasserstoff-Autos auf der Straße, oder?

Ja, z. B. den Mirai von Toyota, den Clarity von Honda, den iy35 Fuel Cell und den Nexo von Hyundai – alle Vier fahren mit ihren Brennstoffzellen ganz vielversprechend herum. Das sind moderne Autos mit allem Komfort, nur noch ziemlich teuer.

14. Hybrid-Fahrzeuge

Tom, warum können wir denn keine Kompromisse machen, wie meistens in der Politik, zwischen Bewährtem und Neuem?

Können wir – da hab´ ich die Idee, deinen Motoren-Opa zu fragen, der kennt sich doch aus. Willst du allein hin, oder soll ich mal mitkommen?

Ja, komm ruhig mit – vorher können wir ja mal googeln …

Stunden später …

Opa, kannst du uns erklären, wie man denn die vorhandene Technik mit den Forderungen und den Plänen für morgen verbinden kann?

Hallo, ihr beiden, aber gern – was ist denn aus der Googelei herausgekommen?

Da hat sich „Hybie" gemeldet, der Hybrid-PKW.

Was sagt denn der?

Hallo Fans – mein Name ist Programm – unter Hybrid (Kreuzung, Mischling) stellt sich jeder einen halbherzigen Mischmasch vor oder einen schlechten Kompromiss – das bin ich aber nicht.

 Er hat Recht, das ist ungerecht, zumal es ganz verschie-
dene Hybride gibt.

Ja, zunächst die ganz Zahmen, die Mild-Hybride – die fahren ganz kurz nur
mit Strom, erzeugen bis zu 20 % Strom beim Bremsen und sparen so Benzin oder Diesel. Die fahren ganz vernünftige Leute, weil sie sich quasi von
selbst aufladen. Dann gibt es die Strong-Hybride – also kräftige Brüder von
mir, die eine ganze Strecke, z. B. in einer engen Stadt, mit Strom fahren
können ohne Verbrennungsmotor.

Und am Stadtrand und auf Landstraßen und Autobahnen fahren die wie
gehabt?

Richtig, es gibt bereits viele Strong-Hybride von Toyota, VW, KIA und ande-
ren Herstellern, die man kaufen kann, und die ca. 50 km elektrisch fahren,
z. B.
  -Toyota Prius Plug-in,
  -Toyota RAV 4 Hybrid
  -VW Golf GTE   
  -VW Passat GTE
  -KIA Optima Plug-in und andere.

Diese Autos sind groß, praktisch und so spritzig und schnell, wie sich heutige „sportliche" Autokunden das wünschen, (vgl. AG 1!).

Was bedeutet Plug-in?

Dass man die Batterie an einer Steckdose aufladen kann.

Das kann man doch mit jeder Batterie, oder?

Ja, aber für größere Batteriekapazitäten* braucht man stärkeren Strom
aus besonderen Ladestationen.

Also, meine schnellen Brüder können zwar alles, was Mittelklassewagen bisher geleistet haben, aber es ist die Frage, ob Größe und Schnelligkeit wirklich die Ziele der Zukunft sind.

Hybie ist ehrlich – in der Hybrid-Entwicklung gibt es zurzeit viele Techniken, Antriebsarten, Betriebsstrategien und Steuerungssysteme wie serielle,- parallele- und leistungs-verzweigte Bauarten. Da tut sich eine Menge – mit solchen Techniken kann man auch Benzin-, Gas- und Dieselmotoren in ihren günstigen Teillastbereichen noch sparsamer und schadstoffärmer einsetzen…

Danke, Opa, ich versteh nur noch Bahnhof - das genügt mir erst mal! Wie weit müssen die denn fahren können?

Den Hauptbedarf sehe ich im 50-km-Hybrid, also 50 km sicher und rein elektrisch, und dann im 100-km-Hybrid für längere Fahrten in Städten oder Zonen mit spezieller Plakette, z. B. wie in Frankreich oder mit der geplanten Blauen Plakette bei uns.
Mehr Reichweite brauchen wir elektrisch nicht.

Wäre es nicht praktisch, wenn so ein Strong-Hybrid mit einem Teil seiner Verbrenner-Leistung die Batterie immer selbst aufladen könnte – er braucht doch selten die volle Leistung beim normalen Fahren, oder?

Dann bräuchten wir schwächere oder weniger Ladestationen!

Ja, und nicht so schnell neue Ladenetze – es wäre einfach mehr Zeit für Veränderungen und die Leute wüssten erstmal, was sie kaufen können, bis die großen Netzarbeiten fertig sind.

Technisch ist das machbar, aber etwas aufwändiger.

Vielleicht gibt´s das schon – wir sollten mal recherchieren, Tom!

Stunden später ...

Lisa, das Selbstaufladen gibt´s schon in den Strong-Hybrids – wenn man etwas geplant fährt, kann man die Batterieladephasen vermeiden oder zumindest sehr stark verringern.

Das ist wirklich eine super Lösung für jetzt und die nächsten 12 Jahre, wenn jetzt sofort ein neues Auto gekauft werden soll!

Globale Gesichtspunkte

15. Rohstoffe, Energiebilanzen

 Bei allem sollten wir auch mal an all das Material, die Rohstoffe und so weiter denken, nicht?

Ja, einmal an das viele und vielfältige Material, verbaut in den vorhandenen Autos, die auf der Straße fahren – und erst recht die Werkstoffe, die wir wohl in Zukunft für neue, ähnliche oder andere Autos verbrauchen.

Gibt es überhaupt genug Rohstoffe dafür?

Ich frag mal meine Mutter.

Stunden später ...

 Was sagt deine Mutter?

Meine Mutter findet es toll, dass wir uns darüber Gedanken machen. Sie hat ein Beispiel genannt:
Angenommen, die Erdkugel sei – ganz grob und über den Daumen gepeilt – etwa einen Meter groß im Durchmesser, dann ist die Erdkruste mit den Rohstoffen ungefähr 1 mm dick im Mittel. Aus der Hälfte dieses Millimeters, also etwa Eierschalendicke, kommen alle Rohstoffe, wenn wir sie bis 5.000 m Tiefe erreichen, also finden und fördern können.

Wächst das alles nach - in der Erdkruste?
Und wenn da nichts mehr ist?

© Springer Fachmedien Wiesbaden GmbH, ein Teil von Springer Nature 2018
K.-G. Heyne, G. Schmiedgen, *Autolust! Dieselfrust?*,
https://doi.org/10.1007/978-3-658-21609-2_6

Hab ich sie auch gefragt – nein, sagt sie, **Garnichts wächst nach und was weg ist, ist weg!**

Aber man kann doch recyceln, wie z. B. den Müll, oder?

Da weiß ich nur, dass man nicht alles recyceln kann. Es kann kein vollständiges Recycling geben und auf jeden Fall ist Recyceln mit Aufwand und Energie, also auch mit Stromverbrauch verbunden.

Welche Rohstoffe brauchen wir denn für die Autos?

Stahl und Leichtmetalle jede Menge und viele andere Materialien mehr – auf jeden Fall viel Kupfer für die Elektromotoren und die Kabel.

Wo ist das Problem?

Meine Mutter sagt, Kupfer wird am ehesten knapp werden. Außerdem ist der Weltverbrauch an Nickel, Blei und Zink viel zu hoch, gemessen an den Vorräten in der Erdkruste – das hat sie aus ihren Büchern. Zur Batterie-Produktion in Deutschland brauchen wir große Mengen z. B. an Cobalt (Kongo), Graphit (China), Lithium (Nevada, Chile) und Mangan (Südafrika, Brasilien). Diese Rohstoffe sind nicht immer ohne Probleme zu bekommen, wenn z. B. China ein Konkurrent ist. Der Kupfer-Bedarf kann sich vom Stand 2013 bis zum Jahr 2035 auf das 45-fache erhöhen (Schätzung der Deutschen Rohstoffagentur).

Wenn diese Rohstoffe erschöpft sind, kann man nicht andere Materialien nehmen zum Autobau?

Hab ich auch gefragt: Das ist immer mit Nachteilen verbunden. Das Auto braucht allein 50 % der Welt-Bleiproduktion für Batterien, 33 % des Zinks für den Karosseriebau und auch 50 % der weltweiten Gummi-Erzeugung für die Reifen! Reifen-Gummi lässt sich überhaupt nicht ersetzen und die Riesenmengen an Blei und Zink auch nur schwerlich; das Kupfer ist (eingeschränkt) durch Aluminium-Legierungen zu ersetzen.

Gibt es keine neuen Rohstoffe in der Erdkruste?

Meine Mutter sagt dazu, das Meiste ist bereits gefunden und wenn neue Elemente oder Rohstoffarten entdeckt werden, sind es ausgefallene Stoffe in kleinen bis winzigen Mengen oder in politisch unsicheren Ländern.

Wollen manche Länder nicht auch die letzten Gegenden der Erde, wie z. B. die Arktis und die Antarktis ausbeuten?

Hab ich auch gelesen – dagegen kämpfen natürlich die Naturschützer aller Länder.

Für die Autoproduktion braucht man doch auch Unmengen von Energie, oder?

Da frag ich mal meinen Energie-Onkel Hermann.

Tage später ...

Schön, dass du deinen Onkel erreicht hast. Was meint er denn?

Er sagt, darüber denken die Leute sehr wenig nach. Das ist nämlich so: Wenn der Stromaufwand für die Erzeugung von 1 Tonne Stahl 100 % beträgt, also für den Hauptbestandteil des Autos, braucht man für Naturkautschuk als Gummi-Rohstoff nur 10 %, für Glas immerhin 40 %, aber für Aluminium bereits 500 %, also 5-mal so viel Energie. Der Hightec-Kohlefaserverbundstoff erfordert sogar 7.000 %, das ist die 70-fache Strommenge! [7/S.34]

Oha, dann ist das superleichte Kohlefaser-Rennrad meines Vaters in seiner Herstellung eigentlich ein Energieschlucker und Klimaschädling ersten Ranges!

Ja, es geht noch schlimmer, sagt Onkel Hermann. Die Kohlefaser-Teile der modernen Großflugzeuge, die sie leichter machen, bedeuten aber gegenüber Aluminium einen riesigen (14-fachen) Energieaufwand bei der Herstellung. Diesen Energieaufwand im Flugbetrieb wieder auszugleichen durch Kraftstoffeinsparung oder zu übertreffen, ist für ihn fraglich. Und so lange der Strom weltweit zu großen Teilen aus der Kohle kommt, bedeutet so viel Energie auch Unmengen an klimaschädlichem CO_2.
Übrigens mein Bruder Finn will doch Ingenieur werden – er möchte auch mal was beitragen.

Hallo, Finn, du hast uns gerade noch gefehlt …

Weiß ich – was für eine charmante Begrüßung! „Energiebilanzen" sind mein Stichwort.

Haben wir noch nicht genug über Energie gequatscht?

Doch, doch – aber da ist noch was. Ich hab´ auch mal mit Onkel Hermann geredet. Wenn wir die Welt retten wollen vor dem Klimaproblem, sollten wir als Ingenieure genau überprüfen, welche Energie wir aufwenden für ein Auto, von der Erzeugung des Rohstoffs über die Fertigung bis zum Recyceln oder bis zum Entsorgen, also die ganze Lebensdauerkette.

Und was willst du damit Schlaues sagen?

Nun, dass z. B. die Fertigungskette eines E-Mobils keineswegs günstiger ist als die von Verbrenner- Autos, wenn man ehrlich jede Kleinigkeit in der Kette berücksichtigt, besonders die Batterien, die besonders aufwändig und schwierig sind in der Herstellung und im Recycling.

Was gibt´s denn da an Kleinigkeiten?
Und müssen wir denn da so pingelig sein?

Wenn wir es ernst meinen, ja – so sind eben Ingenieure! Zur Produktion eines jeden Autos gehören nicht nur z. B. Stahl, Kunststoff, Glas, Textilien und Gummi, sondern auch ca. 30 m³ recyceltes Wasser und ca. 22.000 kWh Strom. Dieser Strom entspricht ca. 2 t Steinkohle mit einer Menge CO_2 als Umweltbelastung. Zum Fahrbetrieb muss man auch die Erzeugungskette des Fahrstromes eines E-Mobils berücksichtigen. Vom jetzigen deutschen Stromerzeugungsmix **(Abb.7)** geht von den Primärenergien Kohle, Gas, Atom und Sonnenenergie **ungefähr die Hälfte an Verlusten verloren**, bis der Strom am E-Mobil-Ladestecker zur Verfügung steht.

Das klingt dramatisch!

Ja, du hast Recht – außerdem belastet die Stromerzeugung aus der Kohle mit ihrer CO_2-Erzeugung das Klima. Übrigens, 1 kWh Windstrom ersetzt 3 kWh Braunkohlenstrom.

Schön und gut – warum lösen wir unsere Energieprobleme nicht wie die Ostfriesen[1]:
„Sie steigen einfach bei Ebbe mit Eimer und Schaufel übern Deich und holen sich ein paar Kilo Watt…"

[1] Sie mögen´s nicht persönlich nehmen…

16. Klimawandel *, Luftschadstoffe

Ich hab so viel vom sogenannten Klimawandel gehört – was wandelt sich da?

Naja, ich weiß nur, dass es immer wärmer wird auf der Erde, wenn wir nichts dagegen tun.

Also wandelt sich gar nichts – ein bisschen mehr Wärme ist doch schön, oder?

Da frag ich lieber meine Mutter.

Stunden später …

Ich versuch´, kurz und anschaulich zu wiederholen, was meine Mutter mir erklärt hat. Es ist nämlich ziemlich kompliziert: Man ist sich weitgehend sicher, dass die Erde sich Grad für Grad erwärmt im Laufe der Jahrzehnte. Das kommt vor allem durch die Menschen, ihre Industrie-Entwicklung der letzten 150 Jahre und ihren Konsum in den letzten 50 Jahren – auf der Nordhalbkugel stärker als im Süden der Erde. Dadurch ändert sich das globale Wetter. Es macht mehr Sprünge und hat mehr Extreme wie Überschwemmungen, Tornados, Trockenzeiten und Ernteausfälle. Das nennt man Klimawandel. Dadurch entstehen immer größere, teure Schäden mit Toten und Verletzten und immer mehr Armut.

Steigt da nicht auch der Meeresspiegel?
Und die kleineren Inselstaaten ertrinken?

Ja, leider, das lässt sich messen. Da ist noch etwas: Denk mal an das Beispiel mit der 1-m-Erdkugel – nicht nur die Erdkruste ist hauchdünn, sondern auch die Luftatmosphäre, die wir zum Atmen brauchen und in der sich das Wetter abspielt.

Auch nur eine 1-mm-Schicht? Und die füllen wir mit Luft-Schadstoffen?

So ist es! Überhaupt, nach Meinung meiner Mutter sind wir Menschen überhaupt kein Gewinn für die Erde, sondern eine Art bunter Schimmel auf der Oberfläche, der wuchert und wächst und breitet sich aus, wie es ihm gefällt – im Grunde genommen eine Art Krebs! Wir nützen der Erde und auch ihrer Natur kein bisschen und zerstören viel mehr, als wir mit unserem ehrgeizigsten Naturschutz wieder reparieren können.
Meine Mutter kam richtig in Rage.

Langsam verstehe ich meine Aktivisten-Mutter immer besser. Sie findet, wir müssen alles Mögliche tun gegen den Klima-wandel, sonst wird die Erde irgendwann unbewohnbar für uns Menschen.

Ja, es ist höchste Zeit dafür! Aber, ich frage mich – klappt das, wenn man die Dieselmotoren komplett verbietet und verschrottet?

Mein Vater sagt, das geht nicht, er braucht die Dieselmotoren für seine Spe-ditions-LKW und sowas sei nur ein Tropfen auf den heißen Stein. Schließlich kommen nicht alle Schadstoffe vom Dieselmotor. Außerdem würde viel Ma-terial verschleudert.

Was muss denn noch geschehen? Ich frag mal Onkel Hermann.

Ja, der müsste das wissen – hoffentlich ist es nicht wieder so kompliziert.

 Tage später …

Onkel Hermann lachte, als ich ihn fragte – er hat es kurz gemacht: „Alle Wirtschafts- und Gesellschaftszweige müssen dringend ihre Schadstoffe re-duzieren – wirklich alle! Keine Ausnahmen für die Flugzeuge und den Schiffsverkehr. Das sind internationale Probleme! Industrie, Haushalte, Kraftwerke und ebenso der Verkehr müssen proportional ihre Schadstoffe reduzieren…"

Was meint er mit „proportional"?

Jeder Verursacher muss das machen **nach seinem Anteil** an der Gesamt-Luftverschmutzung, das heißt, nicht einfach Verbrennungsmotoren verbieten und Flugzeuge munter emittieren lassen! Müssen z. B. in jedem Moment etwa eine Million Menschen in der Luft unterwegs sein? Fliegen ist zu billig!!!

Du meinst, es gibt zu viele „heilige Kühe", immer sind es die Kosten – und die Weltbevölkerung ist sich nicht einig genug, den Klimawandel gemeinsam und konsequent zu bekämpfen, stimmt's?

Ja, wir brauchen weltweite Verkehrskonzepte und internationale Regelungen! Onkel Hermann sagt dazu, erst mal sollten wir in Deutschland ein klares Verkehrskonzept haben für Alle: Fußgänger, Radfahrer, PKW, LKW, Schiffe und Flugzeuge, auf dem Land und in der Stadt.

Und ebenso ein Luftreinhaltungskonzept?

Ja, jede Verbrennung, sagt Onkel Hermann, an der die Luft beteiligt ist, erzeugt mehr oder weniger Stickstoffdioxid NO_2 – jede Kerze, jedes Grillfeuer, jeder Kaminofen, jede Öl- oder Gasheizung, jedes Stromkraftwerk mit Kohle oder Gas, die meisten Industriezweige, jedes Flugzeug, jedes Schiff, und schließlich auch jeder Verbrennungsmotor – alle müssen anteilmäßig und darüber hinaus reduzieren. Sparen müssen wir auch beim CO_2.

CO_2, das Kohlendioxid*, wie im Sekt und in der Limo, ist nicht giftig, aber klimaschädlich. Es entsteht, in weit größerem Maße als NO_2, bei jeder Verbrennung von Kohlenstoff, aber auch durch die Atemluft von Mensch und Tier, **(Abb. 8a, 8b, 9 und 12)**.

Was ist denn mit der Bahn und der Straßenbahn – sind die klimafreundlich?

Eigentlich ja! Nach Onkel Hermann hängen Bahn, Straßenbahn und auch die E-Autos aber zurzeit an Kraftwerken, die zu ca. 56 % aus Kohle und Gas und

zu ca. 18 % mit gefährlichen Atomkraftwerken Strom erzeugen. Die halbe Stromerzeugung produziert also Strom aus Verbrennung, d. h. Riesenmengen an CO_2 und kleine Mengen an z. B. NO_2. Übrigens, das NO_2 lässt sich mit dem SCR-Verfahren seit vielen Jahren in Kraftwerken gut umwandeln zu Stickstoff und Wasserdampf. Der übrige Strom wird immerhin schon aus Wind-, Solarenergie und Wasserkraft erzeugt und die sind positiv, **(Abb. 7)**. Aber Bahnen und Busse sind in jedem Fall weniger klimaschädlich als PKW und LKW!

Übrigens, das NO_2 lässt sich mit dem SCR-Verfahren seit vielen Jahren in Kraftwerken gut umwandeln zu Stickstoff und Wasserdampf.

Weil Kraftwerke sich nicht bewegen und große Anlagen sind, kann man die Abgase gut entgiften, oder?

Ja, aber „klimaneutral" oder „klimafreundlich" sind sie trotzdem nicht, das gilt für alle Stromverbraucher, auch für Bahnen und E-Mobile. Aber die sind wenigstens dort sauber, wo sie fahren.
Meine Oma sagt sogar, die ganze Menschheit ist fortwährend klimafeindlich – egal, was sie macht!

Das heißt, das Wort „klimafreundlich" ist eine maßlose Übertreibung?

Ja, das gibt´s gar nicht! **Man kann höchstens sagen: „Etwas ist weniger klimaschädlich als etwas anderes."**
Meine Oma meint außerdem, ganz im Vertrauen, der radikalste Umweltschutz wäre die Abschaffung der gesamten Menschheit!

Warum denn sooo krass?

Meine Oma hat viel Zeit zum Lesen. Da hat sie in der Autozeitung von Onkel Hermann einen tollen Artikel entdeckt: [19/S.54-57] Ein mutiger Redakteur hat mal die CO_2-Auswirkungen von fünf Alltagstätigkeiten des Mitteleuropäers ausgerechnet, nämlich Wohnen, Fleischverzehr, Haustierhaltung, Flugreisen und auch Autofahren. Du glaubst nicht, was da rauskam: Der Veganer mit seinem Porsche-Oldtimer, ab und zu ein paar Runden auf dem Nürburgring drehend und mit einer jährlichen Pauschalreise nach Mallorca, erzeugt am wenigsten CO_2, **(Abb. 9 und 12)**.

Klingt spannend! Warum kümmert sich denn kaum jemand außer Greenpeace und einigen Umweltschützern um die Abgasschadstoffe der Flugzeuge und der Schiffe?

Ich denke, weil das erstens leider ein internationales Problem ist und weil das zweitens niemand so richtig merkt, im großen Luftraum und auf den weiten Meeren – das ist alles so weit weg, es berührt die Leute nicht direkt. Die meisten denken wohl: „Der Dreck da draußen, der verteilt sich und dann ist er weg."

So ähnlich wie der Weltraumschrott und das viele Plastik im Meer.

Leider – alles Dreck von Menschen. Trotzdem – in vielen Ländern sind der Dreck und der Umweltschutz überhaupt kein Thema – die Armen wollen nur irgendwie den nächsten Tag erleben und die Reichen noch mehr Geld verdienen. Alle diese Leute sagen: „Mir ist das Hemd näher als die Hose." Das heißt: Bloße Existenz für die Armen und maximale Rendite für die Reichen sind wichtiger als die „ferne Zukunft".

Ja – aber in den anderen Ländern können wir nichts ändern. Lass uns nach Deutschland zurückkommen. Warum gibt es denn noch immer kein klares, einheitliches Verkehrskonzept hier bei uns? Wir finden uns doch so fortschrittlich und vorbildlich in den meisten Dingen. Oder glauben wir das nur?

Fragen wir Onkel Werner, ja?

Tage später …

Onkel Werner hat es diesmal nicht ganz kurz beantwortet – er musste richtig nachdenken.

Nun ja, was meint er?

Freie Bürger, sagt mein Onkel, sind in ihren Handlungen und speziell in ihren Verkehrsbewegungen erstens schwer vorauszusagen und zweitens kaum zu steuern. Denn es ist das Ziel der Verkehrsplaner, weniger umweltbelastenden PKW-und LKW-Verkehr zu bewirken. „Denk mal an den Rebound in Norwegen!" sagt er, (Kap. 8).

Was kann man da machen?

Er sagt mir, mögliche Maßnahmen des Staates oder der Kommunen sind Angebote oder Zwänge: **Angebote** durch Ausbau des öffentlichen Personen-Nahverkehrs ÖPNV (Bahnen, Busse, Carsharing und Ähnliches - wie es z. B. viele Studenten und Schüler heute schon machen) und durch Aufbau von elektrischen Ladestationen für E-Mobile und steuerliche Erleichterungen für Strombezieher - und **Zwänge** …

Wie will man etwas erzwingen – das Wort mag ich nicht!

Zwänge durch finanzielle Belastungen z. B. der PKW durch eine Kaufsteuer (siehe Dänemark), eine CO_2-Luxussteuer (siehe Niederlande) oder über den Benzin-, Diesel- und Strompreis oder durch Fahrbeschränkungen oder -verbote oder … **(Abb. 11).**

Danke, das genügt! Aber warum klappt das alles nicht schon längst?

Die Schwierigkeit liegt in unserer demokratischen Staatsform, unserer deutschen Perfektionssucht und so vielen unterschiedlichen Interessen – in den

Diktaturen in China und Russland wird alles kurzerhand „von oben" bestimmt und so wird´s gemacht. Aber so aufgezwungen wollen wir´s auch nicht. Bei uns wird das Meiste von Interessengruppen und deren Lobbyisten ausgehandelt mit dem Gesetzgeber.

Apropos China – könnte es sein, dass China jetzt unser neues strahlendes Vorbild und Zukunftsmarkt ist? Schließlich hat China ja mit seiner ehemaligen strikten Ein-Kind-Politik und dem darauf gefolgten katastrophalen Frauenmangel einen schlimmen Flop gelandet. Nun folgt wohl das Sozialkreditsystem für brave bzw. böse Bürger, oder?

Du hast Recht, und ich bezweifle stark, dass das dort geplante Autonome Fahren und das CarSharing flächendeckend und ohne schädliche, nicht vorhersehbare Nebenwirkungen klappt.

Und wo sind die Probleme in der Demokratie?

Die erste große Klippe ist der Föderalismus bei uns – jedes Bundesland und jede Gemeinde kann Vieles selbst bestimmen, je nach Wissen, Können und nach dem vorhandenen Geld.

Nenn´ mal Beispiele, Tom!

Beispiel Nr. 1:
Der Onkel meint, über 120 Verkehrsverbünde im Bundesgebiet sind viel zu viele – jeder hat seine eigenen Regeln und Bezahlsysteme und achtet nur auf seine eigene Rentabilität, ist also ein eigenes Profitcenter.
Beispiel Nr. 2:
Der öffentliche Verkehr wird aus verschiedenen Geldtöpfen bezahlt, die nach ganz verschiedenen Voraussetzungen bemessen werden – es gibt zu wenige Zahlen über die täglichen Bevölkerungswanderungen Land-Stadt und umgekehrt, wieviel öffentlicher Verkehr heute und in der Zukunft benötigt wird.

Puh, das klingt kompliziert!

Ja, das Geld reicht nirgends und niemand will in die falsche Richtung vorfinanzieren.

Und wie können wir den Knoten lösen?

Es geht teilweise darum: Ist die Henne wichtiger als das Ei?

Was meinst du damit?

Kommt das Ei aus der Henne oder die Henne aus dem Ei? Beispiel Ladestationen: Bewirken neue Ladestationen mehr E-Mobil-Besitzer oder werden die Stationen erst dann gebaut, wenn es genug E-Mobile gibt – wer will das Risiko des Vorfinanzierens eingehen?

Solche Entwicklungen brauchen Vorkämpfer und viel Zeit, denke ich.

Da sei noch die zweite Klippe, sagt Onkel Hermann, die Gewohnheiten, die Trägheit und die Bequemlichkeit der Menschen werden vom PKW optimal bedient – so seien die Menschen eben, sie seien oft nicht vernünftig! Regnet es ein bisschen oder ist eine Entfernung weiter als 1 km oder sind Lebensmittel zu tragen nach dem Einkauf oder sind es mehr als 350 m zur nächsten Haltestelle …

… dann setzen sie sich lieber in ihr Auto! Da muss doch mal ein Umdenken einsetzen und wenigstens ein Kompromiss gefunden werden, der alle Belange rund um Verkehr und Umwelt berücksichtigt!
Aber, Tom – wenn das die Erwachsenen nicht schaffen mit ihrer schlauen Politik, dann müssen mal wir Jungen ran – das ist wieder ein Thema für die Projektwoche.

Ja, die Projektwoche für unsere 11. Klassen!
Ich hab' unsere Rektorin vor ein paar Tagen angehauen, und sie sagte, sie denkt darüber nach.

Das war alles?

 Nein – heute Morgen hat sie mich reingerufen und das Motto gewusst: „Auto-Lust 2030" – sie war total stolz auf ihre Idee. Jetzt will sie auch das Kollegium einspannen, sagt sie – ja, sogar richtig begeistern für das Thema!

GTSC Technisches Gymnasium Smog-City

Die Schulleitung

Einladung

Liebe Eltern, liebe Schülerinnen und Schüler,
zur Abschlussveranstaltung unserer Projektwoche der 11. Klassen
am Samstag, 15.07.2017 um 10:00 Uhr mit dem Thema
≫ Auto-Lust 2030 ≪
lade ich Sie herzlich ein!

Programm

Präsentationen der AGs

10:00 Uhr		Klassenräume
	AG 1: „Auto heute"	R. 212
	AG 2: „Verkehrswende?"	R. 213
	AG 3: „Auto morgen"	R. 215
	AG 4: „Antriebstechnik"	R. 216
	AG 5: „Auto-Elektronik"	R. 118
	AG 6: „Die globale Herausforderung"	R. 119

10:45 Uhr	Pause mit Kaffee, Kaltgetränken, Fingerfood	
11:15 Uhr	**Gesamtpräsentation der AG 7**	Aula
	„Auto-Vision 2030"	
12:00 Uhr	Anschließend freie Diskussion	

Ich würde mich freuen, Sie zahlreich begrüßen zu dürfen.

Mit freundlichen Grüßen

Ihre Birgit Schulmeister, Rektorin

© Springer Fachmedien Wiesbaden GmbH, ein Teil von Springer Nature 2018
K.-G. Heyne, G. Schmiedgen, *Autolust! Dieselfrust?*,
https://doi.org/10.1007/978-3-658-21609-2_7

66

Jetzt nimmt die Sache Formen an!
Du und ich, mit ein paar anderen Leuten, das ist die AG 7 –
wir sollen die AGs begleiten und die Gesamtpräsentation
vortragen – das wird voll spannend!

Gut – hörst du bei den AGs 1, 3 und 5 zu, ich
übernehme die anderen drei, ja?

Zwischendurch sammeln wir schon mal Vorinformationen, was läuft und
ob was dabei herauskommt.

Äh – Tom, noch was anderes – es macht richtig Spaß mit Dir – ich glaube,
wir sind nicht nur ein gutes Team … ?

Hm …!

Der Verlauf der Projektwoche

Montag   (Einrichten der AGs, Teams bilden, Googeln, Einlesen, Leute
fragen, Vorgehen diskutieren, …)

Dienstag   Du, Tom, gestern lief nicht viel – ich hab mich ganz still verhalten.

War bei meinen Leuten ähnlich, aber sie haben sich schließlich organisiert.

Mittwoch   Wie geht's bei dir, Lisa?

Meine „Verkehrs-Wender" haben gelesen
und gelesen – war alles ziemlich ruhig.

Bei meinen „Auto morgen"-Leuten gab es
massiven Krach – sie haben sich gespalten.

Hoffentlich nicht zu krass.

Donnerstag

Was machen denn die Antriebstechniker?

Oh, die sind voll fleißig – wie Techniker eben so sind.
Und die Elektroniker?

Bei denen ist es noch schlimmer als bei den „Wendern" –
die haben jetzt drei Gangs gebildet, die sich krass bekämpfen.

Meine „Globalen" philosophieren heißer
als Kant, Marx und Marcuse zusammen.

Hast du denn schon was Greifbares für den
Samstag? Bei mir reicht´s nämlich.

Freitag   Die „Auto heute"-Fans suchen intensiv den aktuellen Automarkt ab nach E-Mobilität – nicht einfach.

Heute muss die Glocke werden – wir müssen alles noch mal
abchecken, damit wir morgen gut dastehen.
Ich hab´ genug Material, eher zu viel. Jetzt geht´s ans Kürzen
und Verdichten.

Ja, gerade den Null-Checkern und den Leuten total retro unter den Eltern müssen wir alles glasklar vorkauen.
Übrigens, kommen deine Eltern zu unserem Event?
Meine Oma kommt nämlich und möchte dich gern kennen lernen.

Was hast du ihr von mir erzählt …?
Natürlich kommen meine Eltern und mein Motoren-Opa, auch der will dich mal sehen. Er hat am Montag Geburtstag, wird 75 Jahre, und wir sind alle zu ihm eingeladen – er meinte, ich soll dich mitbringen …

Wie kommt er denn darauf…?

Dreimal darfs du raten…!
Aber nun wieder zur Sache: Heute Abend um sieben ist Generalprobe für die AGs in ihren Klassensälen und für uns in der Aula, o. k.? Bis dann!

Ach ja, ich habe Finn, Mara und Alex Bescheid gesagt und auch einige Lehrer eingeladen.

Arbeitsergebnis der AG 1: „Auto heute"

Mithilfe der Fachquellen und in unseren Gesprächen, auch mit Eltern, Freunden und Verwandten, sowie aus eigenen Fahr- und Beifahrer-Erlebnissen haben wir das Wichtigste zusammengestellt.

Bestandsaufnahme

1. In Deutschland fahren rund 46 Mio. PKW, davon ca. 30 Mio. Benzin-PKW, ca. 15 Mio. Diesel-PKW, ca. 0,5 Mio. Gas-PKW und ca. 0,1 Mio. Hybride und E-Mobile.
   Der PKW-Bestand nimmt pro Jahr um ca. 1 % zu.
   Das Sachvermögen (als Verkehrswert) kann grob geschätzt werden (bei 12.000 € / Benzin-PKW und 15.000 € / Diesel- und Rest-PKW) in Höhe von insgesamt 600 Mrd. €, der Diesel-Anteil beträgt 225 Mrd. €.

2. In Folge der Diesel-Anprangerung- und Rufschädigung durch sogenannte Experten im Zuge des „Diesel-Skandals" ist dieser Sachwert bedroht. Bei einem Wiederverkaufsverlust von nur 3.000,- € je gebrauchtem Diesel-Auto beträgt der fiktive Schaden bereits 45 Mrd. €. Mit diesem Geld könnten besser viele Diesel-Autos nachgerüstet werden. Bei unserer Recherche nach ähnlichen Schadensfällen sind wir auf die Kirch-Affäre 2002 gestoßen, die dagegen harmlos wirkt, weil es „nur" um Millionen ging:
   Durch zwei unvorsichtige Interview-Sätze des Deutsche-Bank-Chefs Rolf Breuer ging Leo Kirch pleite – der Schaden für die Bank betrug zunächst 925 Mio. €, davon erstatteten Breuer und die Managerhaftpflichtversicherung 93,2 Mio. € zurück (Stand 31.3.2016).

3. Der positive Effekt des „Diesel-Skandals" mit seinem Schock über Grenzwerte und drohende Fahrverbote in Innenstädten besteht darin, dass jetzt überall noch mehr nachgedacht wird. Wie können wir reagieren, wie fahren bzw. kaufen und verkaufen? **Zum Kauf haben wir eine aktuelle Angebotsliste /Merkblatt erarbeitet.** (siehe unten)

4. Der heutige PKW-Verkehr wird überwiegend, besonders auf Autobahnen, geprägt von Wettbewerbsgedanken und weniger von Rücksicht und

Fairness. Das „Miteinander" der Autofahrer wirkt eher wie Hauen und Stechen.

5. Die Gefühls-und Verhaltens-Skala der Gesellschaft reicht von totaler Ablehnung des PKW über eine vernunftgeleitete Nutzung bis zur vergötternden Verehrung („Benzin im Blut").

6. Amerikanische Touristen buchen „German-Autobahn-Adventure", um völlig ungeübt mal mit einem Porsche über die Autobahn rasen zu dürfen.

7. Nach Vester [5/S. 27] tritt die Primärfunktion des Autos als „Transportmittel" immer mehr zurück zu Gunsten der Sekundärfunktionen „Statussymbol, Prestige, Luxus und Potenzersatz".

Das nachfolgende Merkblatt (Angebotsliste) steht als PDF-Datei auf der Homepage des Verlages kostenlos zum Download bereit.

Der Inhalt des Merkblatts wird anschließend ausführlich dargestellt.

Die AG 1

Merkblatt der AG 1

Bestandsaufnahme Ende 2017 (Beispiele)

Hinweis: Wir haben uns auf einige Fahrzeuge bis zur oberen Mittelklasse beschränkt.

Diesel-Autos (extrem schadstoffarm): Audi A3 1,6 TDI; BMW 216d, 320d, 530d; Dacia Docker dCi 75/90; Opel Corsa 1,3 Ecotec, Crossland 1,6 Ecotec; Renault Clio dCi 110; VW Golf 1,6 TDI, Touran 1,6 TDI SCR

Benzin-/Gas-Autos: Audi A3 1,0 TFSI, 1,4 FSI g-tron; Opel Astra 1,0Ecotec; Seat Mii 1,0 Ecofuel, Leon 1,4 TGI; Skoda Citigo 1,0 G-Tec, Octavia 1,4 TSI G-Tec; VW up! Ecofuel, Polo TGI, Golf TGI Blue Motion

Reine E-Mobile:	Batterie-Kapazität	NEFZ [km]	Winter [km]
BMW i3	33 kWh	300	200
Tesla Model S	85 kWh	490	320
Renault Zoe 40	41 kWh	400	210
VW e-Golf	36 KWh	300	200
VW e-up!	19 kWh	160	120
MB Smart electric	18 kWh	160	120

	NEFZ [km]		NEFZ [km]
Citroen C-Zero	150	Ford Focus electric	212
Hyundai ioniq	235	Kia Soul EV	212
MB B electric D	200	Mitsubishi i-Mie V	160
Nissan Leaf	199	Opel Ampera-e	520
Peugeot i-On	150	Renault Kangoo Z.E.	160

Hybride (Benzin):	Batterie-Kapazität	NEFZ [km]	Winter [km]	Ges. [km]
Audi A3 e-tron	8,8 kWh	45	28	700
Kia Optima PHEV	11,3 kWh	62	40	760
Toyota Prius Plug-in	8,8 kWh	50	32	1.300 (!)
VW Golf GTE	8,7 kWh	50	30	850
VW Passat	9,9 kWh	50	30	1.000

Erläuterung zu den Daten:

1. Der NEFZ ist der unrealistische Prüfstandstestzyklus von 1992 (Prospektinhalt 2017).

2. Die km-Angaben "NEFZ" geben die elektrische Reichweite unter optimalen Bedingungen an (Wärme, stromsparende Fahrweise).

3. Die Reichweitenangaben "Winter [km]" sind geschätzt, aber realistisch.

4. "Gesamt [km]" bedeutet die Reichweiten beider Treibstoffe addiert.

5. Nach unserer Einschätzung sollte die Batteriekapazität für sichere 50 Stadtkilometer, je nach Gewicht, 8 bis 12 kWh betragen, besonders für den Winterbetrieb. Mehrere Hybride namhafter Hersteller erfüllen diese Empfehlung nicht!

6. Die Reichweitenspanne beim E-Fahren zeigt der Tesla Model S P85 D: Je nach Fahrweise 300 km bis 1.000 km (letzterer Wert bei 40 km/h!).

7. Benzin-, Gas- und Diesel-Autos neuester Schadstoffminderung (s. o.) und Hybride erfüllen die Luftreinhaltung in Städten und zugleich die gewohnten Reichweiten.

Wir wünschen uns, ebenso am Autofahren teilnehmen zu können – unter fairen, erschwinglichen Voraussetzungen, klimaschonend und ohne ständig schlechtes Gewissen!

Die AG 1

Bericht der AG 2: „Verkehrswende"?

Wir haben uns über die Zukunft des PKW-Verkehrs informiert mit der Fragestellung: Gibt es eine sogenannte „Verkehrswende", worin besteht eine solche und wie und wann ist diese möglich?

R. Petersen und K.O. Schallaböck untersuchten und zeichneten eine „Verkehrswende" sehr klug und fundiert in ihrem Werk „Mobilität von Morgen", [4]. Von ihren Vorschlägen wurde von 1995 bis heute (23 Jahre) leider sehr wenig realisiert.Konkrete Modelle, Vorschläge und Maßnahmen wurden genug genannt:
1. Vorrang der Langsamen vor den Schnellen
2. Vorrang der Schwachen vor den Starken
3. Vorrang der Nichtmotorisierten vor den Motorisierten
4. Vorrang der Nähe vor der Ferne
5. Lokale Verantwortung vor Zentralisierung
6. Entscheidungen durch die im Alltag Betroffenen, [4/S. 292],
konkretisiert durch:
7. Transportsparende Wirtschaftsstrukturen
8. Trendsetzung für die Verkehrsentwicklung
9. „Mobilität im Sinne von Beweglichkeit, Realisierung von Aktivitäten und Nutzung von Gelegenheiten, nicht verstanden als Kilometerfresserei", [4/S. 294-298],
mit folgenden Maßnahmen:
10. Tempolimits / Tempobremse
11. Subventionsabbau
12. weniger Straßenausbau
13. Investitionen in den ÖPNV
14. Verbrauchslimits für PKW
15. Schwerverkehrsabgaben, verursachergerecht
16. Parken mit Vollkosten der Kommunen
17. Flugbenzin besteuern
18. Bundes-Verkehrs-Vermeidung
19. Kommunale Verkehrsvermeidung, [4/S. 366-373].

Wir meinen, dass die Forderungen 1 bis 6 zwar sehr human, aber nicht kategorisch realisierbar sind im Verkehrsalltag.

74

Von den Einzelmaßnahmen sind mehrere Schritte schon ansatzweise realisiert, z. B. 13 und 14, aber an Themen wie Tempolimit, Subventionsabbau, verursachergerechte Schwerverkehrsabgabe und vor allem an den Schritt Flugbenzinbesteuerung wagt sich der Gesetzgeber leider immer noch nicht heran.

So wünschenswert und sinnvoll die Punkte 18 und 19 (Verkehrsvermeidung) sind – wir haben sie aus Zeitgründen ausgespart.

F. Vester forderte in „Crashtest Mobilität" [5] ebenfalls im Jahre 1995 überzeugend ein neues Denken, neue Konzepte und veränderte Fahrzeuge, um das „kranke Verkehrsgeschehen" zu heilen – bis heute leider recht erfolglos. Im Einzelnen einige Auszüge aus [5]:

- Die Forderung nach „geistiger Mobilität", (S. 12)
- Verkehr muss statt Selbstzweck wieder Mittel zum Zweck werden, (S. 13).
- Unser Planungshorizont muss vom meist einjährigen auf einen weit über 100-jährigen ausgeweitet werden, (S. 14).
- Unsere Denksysteme müssen anstelle des linearen, symptombezogenen Flickwerks ihre selbstregulierende Funktion zurückerlangen.
- Fortschritt ist nicht gleichbedeutend mit schneller, lauter, stärker, höher usw.!
- Schäden wirtschaftlicher, sozialer und umweltbelastender Art lassen sich nicht mit noch mehr Technik beheben, (S. 16).
- Die 1. Regel der Biokybernetik ist zu beachten:
  Positive, schädliche Rückkopplung (Selbstverstärkendes Wucherwachstum wie beim Krebs) muss vermieden werden (S. 19) – positive Rückkopplung geschieht z. B. mit dem Wachstum der globalen Geldmenge durch den Zinseszins.

Der Verkehrsclub Deutschland (VCD) fordert in seinem Organ „fairkehr" [17] den „Technologie-Wechsel zu Elektro-Autos" und die „Verkehrsverlagerung auf Bus, Bahn und Fahrrad", (H. 2/2017, S. 8).In Heft 4/2017, S. 25, werden „gleiche Rechte für Fußgänger und Sportwagenfahrer" gefordert – hierzu soll die STVO „komplett umgeschrieben werden."

Unsere Stellungnahme:

Die Verkehrswende, wie sie Naturschutz- und Verkehrsverbände immer wieder fordern, kann sich schon aus physikalischen Gründen nicht verwirklichen, auch wenn die mobilen Verkehrsteilnehmer „total gleichberechtigt" wären.

Einige Beispiele:

- Fußgänger bewegen sich völlig anders als Fahrräder, PKW oder LKW. Eine 75 kg schwere Person ist viel wendiger und eher zu abrupten Bewegungsänderungen fähig als mit 30 km/h fahrende Radfahrer oder PKW mit der 20-fachen Masse oder gar 7,5 Tonnen-Leicht-LKW mit der 100-fachen Masse.

- Nicht umsonst ist es Pflicht für Fußgänger an Zebra-Übergängen, diese „erkennbar" und „nicht achtlos" zu benutzen, während Fahrzeuge aus der legalen 6…8-fachen Geschwindigkeit herunter zu bremsen verpflichtet sind.

- Der Flächenbedarf der genannten Verkehrsteilnehmer ist völlig unterschiedlich und unabänderlich, so dass Gehweg, Radweg und Fahrbahn mit den getrennten Vorrechten ihren Sinn haben und weiterhin behalten müssen.

- Deshalb und aus vielen anderen Gründen ist ein erträumtes Umschreiben der erprobten STVO unsinnig, abgesehen von durchdachten Korrekturen – sonst gibt es ähnliche Verwirrungen wie z. B. durch die oft kritisierte Rechtschreibreform.

- Je enger es in den Städten zugeht, desto mehr müssen CarSharing und der ÖPNV gefördert werden.

- Was lässt sich sonst „wenden" zu mehr gegenseitiger Rücksichtnahme ohne Feindbilder außer dem oft rüden Verhalten aller drei Gruppen untereinander?

Unsere Meinung:

1. Eine „Wende" können wir uns in nächster Zeit nicht vorstellen für den trägen „Super-Tanker der Autonutzer", gefüllt bis zum Rand mit den gewachsenen menschlichen Gewohnheiten und Sehnsüchten der 46 Mio. deutschen PKW-Fahrer (jeder zweite Deutsche!). Statt radikaler Verurteilungen von Millionen nützlicher, benötigter und beliebter Autos können wir uns durchdachte Korrekturen überzeugender, kluger, behutsamer Art gut vorstellen, für die auch wir Jungen uns gerne einsetzen wollen.

2. Die „Wende" zu mehr Fahrradverkehr ist sicher für „junge, multimodale Erwachsene mit einem ökologisch-sozialen Lebensstil" [17/ Heft 5/2017, S.5] und vor allem für Leute mit Garagen oder anderen geschützten Abstellmöglichkeiten für ihre teuren Fahrräder machbar. Was machen die

Älteren und die weniger begüterten „minder-modalen" Verkehrsteilnehmer?

3. Eine „Wende" zu Bahn und Bus tritt erst ein, wenn beide Verkehrsmittel häufiger fahren oder flexibler reagieren können auf den Bedarf oder das Autofahren über hohe Kraftstoffpreise, Leistungs-Steuern (kW/PS), Gewichtssteuer (kg) etc. schmerzlich verteuert wird, vergleiche AG 7, **(Abb. 11)**.

Die AG 2

Ergebnis der AG 3: „Auto morgen"

„Prognosen sind schwierig, besonders wenn sie sich auf die Zukunft beziehen!"
Dieser kluge Satz musste über den Ergebnissen unserer AG stehen.
Leider haben wir uns nach kurzer Zeit in zwei Lager gespalten, was die Meinungen über die Auto-Zukunft betrifft:

A. Die **„Innos"** (Innovativ-Progressive)
B. Die **„Realos"** (Realo–Pragmatiker)

A. Wir **Innos** sehen das Auto der Zukunft
1. elektrisch angetrieben,
2. autonom fahrend,
3. im CarSharing-Modus.

Zu 1. F. Dudenhöffer sieht in [16] das Tesla-Prinzip als richtige Lösung an:
Das E-Auto muss schnell sein, gut aussehen, die Kunden begeistern
(wie das Auto bisher), mindestens 500 km weit fahren (S. 90) und im
Endzustand, autonom fahrend, nur noch „Aufenthaltsraum sein zum
Shoppen, Konsumieren und Entspannen" – bzw. eine „Multifunktio-
nalplattform" (S. 231) nach Plänen des Chinesen Li.

Zu 2. Ähnlich soll es in [16] neue „Auto-Intelligenz" geben, wie „in modernen Kampfflugzeugen" (S. 97), durch Sensoren und Kameras sollen
die „Helden der Hardware" ersetzt werden. Das „ganz spezielle Fahr-
gefühl, die besondere Emotion, ist dann die Eleganz und Präzision,
mit der ein Fahrzeug vollautomatisch aus der Garage vorfährt, die
temperamentvolle Fahrt auf kurvigen Strecken, bei denen das Auto
quasi um die Kurve schaut und so Dynamik mit Sicherheit kombi-
niert", (S. 98/99).

Zu 3. Zur Verringerung der PKW-Besitzer soll es die „Sharing Economy"
(teilen statt besitzen) für den „kollaborativen Konsum von Autos,
Fahrrädern und Wohnraum" geben, [16 / S. 123].

B. Wir **Realos** sehen das Auto der Zukunft anders:

1. Das Auto der Zukunft wird **teilweise,** ca. 20 % aller PKW bis zum Jahr 2030, elektrisch fahren, vorwiegend max. 30 km/h in den ca. 60 deutschen Innenstädten und Ballungsräumen oder auch in sensiblen Zonen wie Kur-Bezirken. Hierzu ist auch der 50 km-Hybrid mit „Selbstaufladung" der Batterie heute verfügbar (z. B. Toyota Prius Plug-in, VW Golf/Passat GTE, Kia Optima u. a., vergl. Merkblatt der AG 1) Außerdem werden kleine Leichtfahrzeuge als Zweitwagen benötigt, die bis max. 60 km/h für Ortsdurchgangsstraßen mit Tempo 50 ausgelegt sind. R. Petersen und K. O. Schallaböck haben bereits im Jahre 1995 in ihrem Buch „Mobilität für morgen" [4] gute Merkmale skizziert, allerdings ohne die E-Mobilität in den Vordergrund zu stellen, (S. 131-141).

2. Für das Autonome Fahren der PKW (AF) sehen wir nur für Langstrecken auf mindestens 6-spurigen Autobahnen und dort speziell für Luxusklasse-Autos Bedarf und Möglichkeit. Über die übrigen Aspekte des AF berichten die Teilnehmer der AG 5.

3. CarSharing hat in eng besiedelten Verkehrszonen große Vorteile. Das Teilen von Eigentum und die freie Verfügbarkeit widersprechen sich aber. Der heutige Wohlstand und die Gewohnheiten beinhalten heute mehr Individualität, d. h. unterschiedlichen persönlichen Beziehungen zu teuren Gegenständen wie Häusern, Autos, Fahrrädern und zu deren Pflege. Die emotionale Wertschätzung solcher Dinge und die eher zunehmende Abgrenzung gegenüber ständig steigenden Belastungen durch „Mitmenschliches", Lärm und Informationsflut dürfte die Lust am CarSharing begrenzen.

4. **Die Autos der Zukunft werden bis zum Jahr 2030 - so schätzen wir vorsichtig - zu ca. 40 % aus „Verbrennern", ca. 40 % aus 50...100 km-Hybriden und ca. 20 % reinen E-Mobilen bestehen.**

5. **Voraussetzung für den Verkehr der Zukunft sind, unabweisbar und längst überfällig, die vernünftigen Tempolimits 30/50, 90 und 120 km/h.**

In diesem Zusammenhang fiel uns auf, dass die Hauptverluste beim Fahren, der Luftwiderstand und der Rollwiderstand, ab Tempo

120 km/h überproportional zunehmen: Insbesondere der Luftwiderstand verdoppelt sich bei Tempo 170 und verdreifacht (!) sich bei Tempo 208, [1]. Entsprechend erhöhen sich der Energieverbrauch und damit die CO_2-Klima-Problematik.

Wir fragen: Sind uns der „athletische Auftritt" des „emotionalen Sportwagens" Tesla Roadstar II mit 1,9 s auf 100 km/h und Spitzengeschwindigkeit von 400 km/h so viel wichtiger als die dabei verbrauchten Riesen-Ampère-Ströme der gestressten Batterien und die damit verbundene Energieverschwendung samt CO_2-Klimabelastung? Der Luftwiderstand bei ca. 400 km/h des Tesla-Autos und damit der größte Teil der notwendigen Antriebsleistung beträgt dabei ungefähr das 11-fache des Wertes bei Tempo 120. Das entspricht ungefähr dem Verbrauch von 11 Autos dieses Typs bei 120 km/h, gibt jedoch nur einem einzigen „Sportfahrer" die Emotion, etwas Besonderes zu erleben.

Ist die Tesla-Linie wirklich unser Maßstab?

Dabei ist Fachleuten klar, dass Tesla-Autos (wie alle E-Mobile) nach den „sportlichen" Raketenstarts und dem Flugzeugtempo der ersten 200 km ab Mitte der Batteriekapazität wesentlich ziviler fahren und gegen Ende der Reichweite gar nicht mehr „sportlich" sein können, weil die hohen Anfahrströme vom BMS (Batterie-Management-System*) heruntergeregelt werden, um Batterien und Leitungen vor Überhitzung zu schützen.

Die AG 3

Recherche der AG 4: „Antriebstechnik"

Dieses Thema hat unserer AG viel Arbeit gemacht, weswegen unser Bericht recht umfangreich geworden ist.
Bei unseren Recherchen wurde klar, dass kein technischer Vorgang ohne einen Wirkungsgrad, das heißt ohne Verluste abläuft. Einen Wirkungsgrad* von 100 % gibt es nicht, d. h. was man hineinsteckt, bekommt man nie ganz zurück – bei jeder Energiewandlung entstehen geringe bis hohe Verluste. Dennoch haben wir vielfach von „Patentlösungen, Durchbruch einer Technik, Energie-Wandel" und ähnlichen Sensationen gelesen, so dass wir diese Schlagwörter genauer untersucht haben.

„Patentlösungen"

Die Menschheit sprach zum ersten Mal in ihrer Historie von einem Durchbruch, einer Patentlösung ihrer Energieprobleme, als sie als Verbesserung der altgewohnten Brennstoffe Holz, Stroh, Pflanzenöl, Tierfett, freiem Erdöl, Steinkohle, Torf und Braunkohle **um 1860 große Mengen Erdöl fördern konnte.**
Das war Patentlösung Nr. 1, die wir heute nach über 150 Jahren noch benutzen, mit allen uns bekannten Vorteilen und Nachteilen.
Die Patentlösung Nr. 2 glaubte die energiehungrige Industriewelt genau 100 Jahre später mit der Kernenergie gefunden zu haben, die aber nach ca. 50 Jahren und schweren Unfällen sukzessive zurückgefahren wird.
Nun soll die E-Mobilität die neueste Patentlösung sein – sie erscheint uns allerdings eher als eine **regionale Lösung** für saubere Luft in den Städten und Ballungsräumen, nachdem wir ihre Wirkungsgrade im Vergleich zu anderen Antrieben ermittelt haben.
Wir haben das Thema aufgeteilt in zwei Teilgebiete:

1. **Kraftstoffe einschließlich Strom**
2. **Antriebsmaschinen und Energie-Wandler**

Zu 1.
a) **Fossile Kraftstoffe** (aus der Erdkruste) werden raffiniert aus Erdöl (Benzin, Kerosin, Diesel) und als Erdgas gewonnen. Die Vorkommen von Erdöl und Erdgas sind begrenzt.

b) **Nachhaltige Kraftstoffe** sind Stoffe aus Biomasse und künstlich hergestellte Stoffe (z. B. E-Fuel für Benzinmotoren, OME für Dieselmotoren u. ä., vor allem Wasserstoff).

Diese Stoffe hängen unmittelbar vom Strom ab – im jetzigen deutschen Strommix also zu ca. 62 % von der Kohle und der Kernkraft. Der Kohle-Strom ist zurzeit zu ca. 50 % klimaschädlich.

Die Erzeugung von Wasserstoff und den anderen künstlichen Kraftstoffen ist nachhaltig nur mit Sonnenstrom-Energiezufuhr möglich (Wind- und Wasserkraft sind mittelbar auch sonnenverursacht).

Zu 2.

Wir haben die **mittleren** Primär-Wirkungsgrade (WG) verschiedener Antriebsmaschinen und Energiewandler verglichen.

Die Angaben „**Mittlerer** Wirkungsgrad" sind der Versuch, die mit Last und Drehzahl stark variierenden Werte möglichst realistisch darzustellen.

a) Antriebsmaschinen	Mittl. WG $_{1,3}$	Verluste $_3$
Otto- (Benzin-) Motor	ca. 25 %	ca. 75 %
Dieselmotor (PKW)	ca. 35 %	ca. 65 %
Biogasmotor	ca. 25 %	ca. 75 %
Wasserstoffmotor	ca. 35 %	ca. 65 %
RME-Motor (E 85)	ca. 25 %	ca. 75 %
Schiffsdiesel	ca. 40 %	ca. 60 %
E-Mobil-Antrieb	ca. 25-35 %$_2$	ca. 65-75 %$_2$

1 : WTW = Well to wheel = Primär-Wirkungsgrad (von der Quelle zum Rad = Treibstoff-Kette im Betrieb)
2 : Abhängig von der Stromerzeugung und deren Verlusten sowie von der jeweiligen Technik und der Fahrweise.
3: Anhaltswerte, teilweise aus [14]

b) Energiewandler	Mittl. WG $_3$	Verluste $_3$
Fotovoltaik-Zelle	16-18 %	82-84 %
Braunkohle-Kraftwerk	33-40 %	60-67 %
Windkraftanlage (WKA)	40-45 %	55-60 %
WKA-Transformator	50-90 %	10-50 %
WKA-Frequenzumrichter	ca. 97 %	ca. 3 %
WKA-Generator	ca. 90 %	ca. 10 %
WKA-Getriebe, mechanisch	ca. 95 %	ca. 5 %
Wasserkraftanlage	ca. 50 %	ca. 50 %
Brennstoffzelle mit Reformer	ca. 40 %	ca. 60 %

| Brennstoffzelle mit H_2 | ca. 80 % | ca. 20 % |
| Batterie (Akkumulator) | ca. 80 % | ca. 20 % |

Diese Zahlen haben wir ausgewertet:
- Abgesehen vom Schiffs-Großdieselmotor haben alle Antriebsmaschinen ähnliche **mittlere** Wirkungsgrade und Verluste im Betrieb. Der max. Unterschied beträgt 10 % - Punkte. Er wird aber oft je nach Interessenlage auf bis zu 40 % - Punkte schöngerechnet, wie wir aus den oft gegensätzlichen Quellen ermittelt haben.
- Bei den Energiewandlern ist die Brennstoffzelle unschlagbar, wenn sie mit „fertigem" Wasserstoff betankt wird. Beim Akkumulator (Batterie) handelt es sich um die Inneren Verluste von ca. 20 %. Schlusslicht ist die Fotovoltaik-Zelle (Solarzelle) mit gut 80 % Verlusten.
- Hierbei geht es um die Betriebswirkungsgrade ohne Berücksichtigung des Herstellaufwands, also ohne „CO_2-Rucksack". Es addieren sich je nach Verfahren mehrere Verluste. Bei jeder Wandlung und in jedem Teilsystem entstehen variable Verluste (z. B. Windkraftanlage: Ca. 60 % „natürlicher" WG (nach Betz) x 95 % Getriebe-WG x 90 % Generator-WG x 97 % Frequenzumrichter-WG x 90 % Transformator-WG = 45 % Gesamtwirkungsgrad; minus Verteilungsverluste bis zur Steckdose).

Zusammenfassend stellen wir fest:
1. Benzin und Diesel sind/waren ideale Kraftstoffe, so lange sie verfügbar sind/waren:
- Relativ leicht zu fördern und aufzubereiten
- Gut transportabel in Schiffen und Tankwagen
- Benzin-/Diesel-Energiedichte pro kg: Ca. 15 bis 35 mal so hoch wie von Wasserstoff (inkl. Hydrit-Tank), ca. 60 bis 80 mal so hoch wie von Lithium-Ionen-Akkus [Wikipedia -> „Energiedichte" u.a.]
- Befüllung eines PKW in ca. 5 Minuten
- Eingeführte, bewährte Logistik (ca. 15.000 Tankstellen in Deutschland).
2. Gasförmige und alkoholische Kraftstoffe:
- aus Erdgas sind ebenfalls begrenzt und müssen nach der Erschöpfung künstlich hergestellt werden unter Einsatz von Strom, ökologisch aber **am besten nur ausschließlich mit Sonnenstrom (ca. 7.100 Gastankstellen in Deutschland).**

- Kraftstoffe aus Biomasse sind nachhaltig, jedoch sollen sie nicht aus Monokulturen stammen oder Anbauflächen für Lebensmittel verdrängen.
- Die Wasserstoff-Erzeugung und -Verteilung muss langfristig sowohl großtechnisch als auch dezentral aufgebaut werden, hierzu sind wahrscheinlich 1 bis 2 Jahrzehnte einzuplanen.

3. Für Antriebsmaschinen und Energiewandler gilt:
Aus der Vielfalt der Antriebslösungen können wir zurzeit auf Grund ihrer vielfachen Vor- und Nachteile **keine zu favorisierende Technik** erkennen. In den nächsten 12 Jahren bis 2030 sollten **alle** Techniken weiter erforscht, entwickelt und optimiert werden. Alle Forschungs- und Entwicklungskapazitäten sind vorhanden und sollten parallel genutzt werden. Ein Miteinander erscheint uns erfolgversprechender als das marktwirtschaftliche Gegeneinander.

4. Wir möchten klarstellen:
Nichts gegen E-Autos in Innenstädten zur Luftreinhaltung!
Aber eine öffentliche, vor allem politische Bevorzugung des vollelektrischen Antriebes auf **allen** Verkehrswegen zu Ungunsten vorhandener, bewährter und ständig optimierter Antriebstechniken halten wir für unklug und nicht zielführend für die Klimafrage.
Wir können erkennen, dass Interessengruppen der Stromwirtschaft und der Elektroindustrie die Verbreitung der reinen E-Autos besonders forcieren. Dabei werden beispielsweise vom BEM (Bundesverband E-Mobilität) unter Hinweis auf das Paris-Klima-Abkommen teilweise abstruse Forderungen an den Gesetzgeber gestellt, [19/Heft 10/2017, S. 91-93]:
a) Sofortige Elektrifizierung von etwa 3 Mio. Dienstwagen und Fahrzeugen öffentlicher Fuhrparks „als Vorreiter"
b) Gestattung des Strom-Weiterverkaufs (z. B. an Nachbarn)
c) Nutzerfreundliches „e-roaming"
d) Erhöhung des PKW-Maximalgewichts auf über 3,5 t
e) Innenstädtische Anhebung des Tempolimits auf 55 km/h für Kleinkrafträder und so fort, mit zahlreichen Diesel-Verdrängungsforderungen.

Unser Eindruck:
Als Wohltäter des Klimas und der Gesellschaft versucht die Stromwirtschaft, mit heilbringender, angeblich sauberer E-Mobilität („Neue Mobilität") neue Abnehmer für ihren klimaschädlichen Kohlestrom zu schaffen.
Werden mit „Nachtspeicheröfen auf Rädern" neue Verbraucher für nächtlichen Braunkohlestrom aufgebaut?

5. Unsere konstruktiven Vorschläge:
Ein neues Kfz-Steuersystem, das sich nicht nach den messtechnisch komplizierten, weil schwankenden Verbrauchs- und Abgasschadstoffwerten richtet, sondern nach der feststehenden maximalen Antriebsleistung in kW/PS. Dabei sollte die Steuer so hoch sein, dass sie eine kostenlose Benutzung des ÖPNV und möglichst auch der Bahn für alle Menschen ermöglicht.
Damit können die „Höchstleistungs-PKW" die „Vernunft-Autos" sinnvoll querfinanzieren und es gibt richtig teure Spaßautos und erschwingliche Nutzautos für den jeweiligen Geldbeutel – alle sind zufrieden.
Die Recherche der Auto-Prospekte zeigt uns, dass die verbrauchsgünstigen und damit CO_2-ärmeren Autos immer die mit den kleineren Leistungen sind.
Um die Gesamtanzahl der Autos klimaschützend herabzusetzen, sollten die Energieverbrauchskosten (Treibstoff und Strom) spürbar angehoben werden, um dadurch ebenfalls den ÖPNV zu finanzieren.

Die AG 4

Diskussionsresultat der AG 5: „Auto-Elektronik"

In unserer AG gab es viele Diskussionen und sogar Streit:
Wieviel Elektronik muss sein, wieviel darf sein und welche Elektronik stört eher?
Also gab es drei Fronten:
A. Die Freaks (Jeden elektronischen Fortschritt nutzen!)
B. Die Normalos (Assistenzsysteme ja, aber abschaltbar!)
C. Die Puristen (Was nicht da ist, kann nicht ausfallen!)

A. Wir **Freaks** wollen das autonome, vollvernetzte Auto!

Autonomes Fahren (AF) bedeutet für uns u. a.:
- entspannt dahinsegelndes Gefahrenwerden
- Zeit für Konnektivität (Quatschen, Simsen, Mailen)
- möglichst Kommunikation der Autos mit dem Steuerungs-Provider und untereinander (Auto – Auto)
- HiFi-Genuss und Landschaftsbetrachtung
- Maximale Sicherheit vor Unfällen.

Vollvernetztes AF heißt außerdem:
- beliebiges Fernsteuern meines Autos (fahrerlos) z. B. aus der Garage /vom Stellplatz per GPS durch die Stadt zum Arbeitsplatz; anschließend ferngesteuert zurück nach Hause, z. B. zum Partner für dessen Benutzung; abends Fernsteuerung zum Arbeitsplatz und meine Heimholung
- beliebiges fahrerloses Fernsteuern eines CarSharing-Autos meiner Wahl (Smart oder Porsche) an meinen Standort
- Vormerkung/Anforderung, Fahrtsteuerung und Kostenabrechnung des CarSharings über das Smartphone
- keine Verantwortung bei Fehlläufen oder Unfällen – Schuld hat stets der Provider
- nur ein neuer „AF-Schein", kein Führerschein mehr notwendig.

B. Wir **Normalos** sagen, automobiles Fahren heißt für uns, selber zu fahren – und das so gut und so sicher wie möglich!
Dennoch sind wir zu haben für alle Hilfssysteme, die das Fahren einfacher, umweltschonender und sicherer machen:
1. Assistenzsysteme zum sicheren Fahren
2. Melde-/Anzeigesysteme für den Umweltschutz/Klimaschutz

Zu 1. Assistenzsysteme (serienmäßig, wie teilweise eingeführt):
- Freisprechanlage
- Navigationsgerät
- Tempomat
- Brems-Assistent
- Spurhalte-Assistent
- Distanz-Assistent
- Park-Assistent
- Müdigkeitserkennung

Wünschenswert:
- Warnsignal (Mahnsignal), akustisch, beim Abbiegen oder Spurwechsel, wenn das Blinken unterlassen wurde
- Tempobegrenzer
- Tempobegrenzungs-Warnsignal, akustisch
- alle sinnvollen Neuentwicklungen ...

Alle Hilfssysteme müssen abschaltbar sein, auch im Notfall – dann blinkt z. B. die Nummernschildbeleuchtung als Signal für die Verkehrspartner. Der Fahrer muss die volle Handlungsfähigkeit und Verantwortung behalten!

Zu 2. Im Head-up-Display (Frontscheibe) dominierend angezeigt:
- Verbrauch oder
- Klimabelastung in CO_2-Zahlenwerten oder intuitiv auffassbar (grün-gelb-rot)

Übergroße Touchscreens (Tesla u.a.) dürfen nicht vom Verkehrsgeschehen ablenken!

Wir meinen, dass die natürliche instinktive Gefahrenabwehr und die situationsgerechte Entscheidungsfreiheit beim Fahrer bleiben müssen. Er muss lenken, beschleunigen und bremsen können. Er soll die Möglichkeit behalten, die Fahrspur mehr links oder mehr rechts auszunutzen, insbesondere um z. B. Radfahrern nach eigener Einschätzung ausweichen oder die Rettungsgasse bilden zu können. Trotz aller willkommenen Hilfssysteme elektronischer Art wollen wir noch Herr bzw. Frau der Lage und ein bisschen Kapitän sein können – und uns nicht die Lust am Fahren, eben die Auto-Lust, nehmen lassen.

Daher lehnen wir, wie auch nachfolgend die Puristen-Gang, das Autonome Fahren der Freaks ab.

C. Die Puristen:

Hilfe – das Auto wird immer komplizierter, teurer und immer mehr an die Leine gelegt, erst recht beim AF – wer will das und wer braucht das wirklich? Haben wir das nötig?

Unsere Ziele:

1. Ein unkompliziertes, billiges Auto für Alle – auch wir Fahranfänger wollen fahren,
2. ein Auto mit möglichst geringer Belastung der Rohstoffvorräte, der Energiequellen und des Klimas, und
3. einen Verkehr, der unkompliziert, flüssig und sicher ist.

Zu Ziel 1:

Hier ist sozialer Sprengstoff enthalten:

Je komplizierter, „elektronischer" und teurer ein Auto ist, desto weniger ist es erschwinglich für den kleinen Geldbeutel, auch was die Unterhaltungskosten anbetrifft.

Teure Fahrzeuge der Oberklasse enthalten sämtliche Features der Elektronik, nützliche und spielerische, zur Steigerung des Komforts, der Exklusivität und des Statuswertes. Luxusfahrzeuge haben eine attraktive Gewinnspanne, stellen aber mit ca. 11 % einen nur mäßigen Anteil der Autogesamtzahl dar.

Zu Ziel 2:

Das angestrebte Auto sollte klein bis mittelgroß sein, nicht zu schwer und mit geringem Verbrauch zu fahren sein. Seine Leistung sollte auf mäßige Beschleunigung (weil der Motor kleiner, billiger und schadstoffärmer ist) und eine Spitzengeschwindigkeit von 130 km/h für die Tempogrenzen 30/50 – 90 – 120 km/h ausgelegt sein. Ein so ausgelegtes, preiswertes elektrisches Leichtfahrzeug kann das ideale Zweitfahrzeug für Familien oder Erstwagen für Preisbewusste, Singles und die Dienste werden.

Zu Ziel 3:

Angesichts der Verschiedenheit des überausgestatteten Luxusautos mit AF etc. gegenüber dem „Verzichtauto" [16/ S. 95] wird eine zukünftige Marktverzweigung in erkennbare „Premium-Mobilität und eine Massenfortbewegung" entstehen, [16/S. 228]. Ob diese Marktzweige auf den Verkehrsflächen harmonieren können, wird die Zukunft beweisen müssen.

Wir können uns nicht vorstellen, dass der Verkehr durch das AF unkomplizierter, flüssiger und sicherer wird, sondern eher ein Massenverkehr im dichten Konvoi.

Dies möchten wir eingehend begründen:

1. Das AF der Autos zu vergleichen mit dem automatischen Steuern von Bahnen, Flugzeugen und Schiffen, wie es F. Dudenhöffer in [16] vollführt, heißt für uns, Äpfel mit Birnen, Pflaumen und Pfirsichen zu vergleichen:

- Bahnen fahren bekanntlich schienengeführt und haben (überwiegend) keinen Gegenverkehr.
- Flugzeuge haben viel freien, geregelten Luftraum und normalerweise keinen unmittelbaren Gegenverkehr – außerdem Berufspiloten im Cockpit.
- Schiffe nutzen auf See viel freie Wasserfläche und steuern dort meist automatisch. Aber in der Nähe von Häfen benutzen sie Verkehrstrennungsgebiete (Einbahnstraßen). Auf engen Wasserstraßen (Großflüssen und Kanälen) fahren sie immer handgesteuert durch Fachpersonal, z. B. auf dem NO-Kanal mit Lotsen und Steurern.
- Dagegen fahren Autos auf normalen 2-spurigen Straßen (außerhalb von Autobahnen und 4-spurigen Schnellstraßen) **ständig 1-2 Meter am Frontal-Tod vorbei.** Autos müssen gezwungenermaßen, aber sehr flexibel, die vorgeschriebenen und beschränkten Fahrstreifen und -flächen miteinander teilen.

2. Wir haben einige AF-Probleme durchgespielt:

- Wie erkennt das AF-Auto beim Rechts- oder Linksabbiegen nebenher fahrende bzw. entgegenkommende Radfahrer oder schnelle Pedelecs?
- Wie reagiert ein AF-Auto auf Hup- oder Lichthupsignale, auch von nahenden Rettungsfahrzeugen?
- Woran erkennt ein AF-Auto die Notwendigkeit und die richtige Fahrbahnseite der Rettungsgasse?
- Welcher Aufwand muss getrieben werden, damit jedes Verkehrsschild durch das AF-System erkannt und verarbeitet wird (Einprogrammierung oder Transponder)?
- Was passiert bei beschädigten, verschneiten, umgefahrenen oder vergessenen Schildern?
- Wie reagiert ein AF-Auto auf die Verkehrsregelung durch Hand- und Armzeichen eines Polizisten?

- Wie stoppt ein Streifenwagen oder eine Zivilstreife einen Verkehrssünder im AF-Modus (Muss der Fahrer dann aktiv eingreifen oder lenkt die Polizei das Auto auf den nächsten Parkplatz? Und wer hat in diesem Fall Schuld an einem Unfall?)
- Was passiert bei einem Notstopp? Angenommen, ein autonom fahrender Konvoi auf der Autobahn bestehe z. B. aus 50 Fahrzeugen mit der Länge von 50 x 5 m Autolänge + 50 x 20 m Abstand = 1,25 km Konvoilänge. Bei einem Notstopp des ersten Fahrzeuges vor einem größeren Hindernis (z. B. LKW-Reifen, Wildschwein) wird der gesamte Konvoi aus 120 km/h schlagartig durch alle Distanz-Assistenten notgebremst bis zum Stillstand. Gelingt das?? Und was für ein böses Erwachen gibt es für mindestens 50 träumende, mailende oder lesende, und vermutlich teilweise nicht angeschnallt sitzende oder gar liegende AF-Insassen?

Diese zufällig ausgewählten Fälle und ähnliche lassen sich wohl kaum verkehrsvereinfachend lösen. Unter Berücksichtigung solcher Spezialfälle dürfte der Verkehr durch lauter Vorsichtsprogrammierung öfter und stärker als erwünscht behindert werden.

Weitere Probleme:

Datenklau:
Die ersten Strom-Ladestationen werden bereits von Kriminellen mit einfachen Daten-Sticks zu Kreditkarten-Nummern-Sammlern umgerüstet, die Konten geplündert. Ein weiterer Nachteil des AF-Autos dürfte sein, dass mit der Internet-Vernetzung der Steuerung und des Smartphones sich ein weiteres Einfallstor für die Datenabsaugung der Großkonzerne auftut – wie es schon jetzt teilweise bei den Leihfahrrädern geschieht, die über das Smartphone gemeldet und abgerechnet werden.
Strahlungssicherheit:
Welche Nebenwirkungen haben Radargeräte und die übrige strahlende Apparatur im AF-Auto für die Insassen? Welche Ausmaße erreicht der Elektrosmog im Innenraum?
Sensorverschmutzung:
Kann der Ausfall von Sensoren und Kameras bei „Schmuddelwetter" ausgeschlossen werden? Bleibt das AF-Auto bei AF-Ausfall mitten auf der Straße stehen oder fährt es gar orientierungslos weiter? Ist es möglich, Systeme

selbstreparierend zu programmieren? Wir denken dabei an die vielen Unzulänglichkeiten oder fehlerhaften Programme, die wir auf unserem PC täglich erleben. Ist dann auch bei einem falschen Klick des Fahrers der Unfall unvermeidlich?

Datenflut:
Wir wollen nicht verschweigen, dass wir uns Sorgen machen über das, zukünftig auch AF-bedingte, weitere Anwachsen der globalen, größtenteils sinnlosen Datenmengen, die von immer mehr klimabelastenden Kraftwerken „am Leben gehalten" werden, ohne dass ans Löschen gedacht wird. Wann erstickt unsere Zivilisation in der Datenflut der Public-Cloud, wann benötigen wir mehr Kraftwerkskapazität für aus dem Ruder gelaufene Datenmengen als z. B. für Licht und Radio?

Die Summe all dieser Fragen lässt uns das AF-Auto zur Zeit als sehr unsympathisch und entbehrlich erscheinen.

Als zukünftige Führerscheininhaber wollen wir
- nicht unsere Fahrkünste verleugnen müssen,
- nicht unsere natürlichen Schutzinstinkte unterdrücken müssen,
- nicht Opfer sein von Hackern, Kriminellen, Terroristen oder Computer-Ausfällen,
- nicht die Freiheit der Entscheidung und die Verantwortlichkeit aufgeben,
- nicht das bisschen Freiheit hergeben, der eigene Kapitän zu sein,
- nicht die Auto-Lust verlieren!

Die AG 5

Ausarbeitung der AG 6: „Die globale Herausforderung"

Ehrlich gesagt, haben wir uns mit diesem Thema zunächst schwer getan in Bezug auf das Auto (den PKW) – bedeutet doch „global"
   a)   weltweit
   b)   umfassend
   c)   allgemein, ungefähr.
Nach ein paar Recherche-Stunden und mehreren Diskussionen fanden wir folgende, zum Teil auch ziemlich philosophische Aspekte:
Global = weltweit
Das Auto ist mit seinen weltweit ca. 1 Milliarde Exemplaren leider zu einem Drittel negativ an der globalen Klimabelastung beteiligt.
Global = umfassend
Der Umgang mit dem Auto und seiner Technik bestimmen unseren Alltag tatsächlich umfassend.
Global = allgemein
Der Auto-Alltag betrifft und prägt unsere gesamte Gesellschaft – prägt uns **alle gemeinsam** und wesentlich.
Und wieso Herausforderung?
Wer fordert uns heraus, wie und warum?
Zukunft heißt die Herausforderung, die nicht wartet, sondern mit Riesenschritten auf uns zukommt:
a) Die wirtschaftliche,
b) die klimatische und
c) die menschliche Herausforderung.

Zu a)   Von einer **wirtschaftlichen Herausforderung** durch die Zukunft des Autos als Marktfaktor wird in [16] gefragt: „Wer kriegt die Kurve?" und diese Frage beinhaltet: Welche Konzerne in welchen Ländern werden sich in den nächsten 12 Jahren marktbeherrschend durchsetzen? Vielleicht zum Schaden und bis zur Vernichtung ihrer Konkurrenten z. B. in Deutschland? Das ist die ökonomische Frage, bei der es naturgemäß nur ums Geld geht. **Es geht aber um unser Geld** als Käufer und Konsumenten von Autos – Geld, das wir entweder ausgeben können nach der Schnäppchen-Mentalität „Billig wird gekauft" oder aber besser mit Verstand und Weitsicht.Die Marktmacht von z. B. Google, Apple, Tesla oder chinesischen Milliardären **hängt aber wesentlich von unseren Kaufentscheidungen ab:** Stürzen wir blind in jede Billigfalle und gehorchen wir brav den Vorgaben oder der aggressiven Werbung, dann werden wir Konsumenten keinen Irrweg auslassen, den wir hinterher bereuen. Dies könnte bedeuten: Industrielle Verwerfungen wie Entlassungen oder sogar Firmenpleiten und noch mehr Abhängigkeit von den „Großen".

Wir haben daher gefragt:
- Gibt es überhaupt eine Kurve?
- Wer bestimmt die Kurve?
- Wie eng ist die Kurve?

Durch unsere Marktmacht als Käufer können wir sowohl das Vorhandensein als auch die Krümmung einer „Kurve"mitbestimmen, wenn wir nachdenken, uns gründlich informieren und weiter denken als nur bis zum Preis. Eine scharfe Kurve muss es nicht geben, erst recht nicht eine scharfe Kursänderung des Supertankers „Automarkt", wenn wir uns weigern, sie uns überstülpen bzw. aufzwingen zu lassen, wie im Fall eingleisiger neuer Elektromobilität oder forcierter Automatisierung des Autolenkens im AF-Modus durch Elektronikwirtschaft und Datensammler.

Alle Macht den klugen Autokäufern!

Aus Gesprächen mit unseren Eltern kamen folgende Tipps für die Kaufentscheidung:
- Anzeigen und Prospekte sehr kritisch prüfen!
- Je **größer** die Werbebotschaft gedruckt ist, desto emotionaler, pauschaler und oft unwahrer ist sie!
- Je **kleiner** etwas gedruckt ist und
- je weiter **unten** und je weiter **hinten** etwas steht, desto wichtiger und entscheidender ist es (Techn. Daten, Emissionen, Verbrauch, Ausnahmen, Ausschlüsse, Hintertüren …).
- Verträge immer auch **von hinten** lesen!
- **Einheimische Anbieter**, wann immer möglich, bevorzugen, auch wenn sie etwas teurer sein sollten!

Zu b) Die **klimatische Herausforderung (Abb. 8)** besteht in der Minderung der klimaschädlichen Emissionen aller Schadstoffquellen, also zu etwa einem Drittel durch den Autoverkehr. Dieser Verkehr ist allerdings aber zu ca. 10 % des weltweiten Autoverkehrs (100 Millionen Autos) unverzichtbarer

Nutzverkehr zum Transport von Waren, Grundnahrungsmitteln und lebensnotwendige Beförderung wie z. B. Krankentransporte. Der überwiegende PKW-Verkehr, eben auch ca. 40 % Freizeit- und Spaßverkehr, findet auf der nördlichen Halbkugel, also in unserer Nähe und in unserer Verantwortung statt.

Hier bestehen unsere möglichen Verhaltensweisen in folgenden Punkten:

1. Bevorzugung emissionsarmer Autotechniken (in der Gesamtbilanz des CO_2 von der Herstellung über die Benutzung bis zur Verschrottung)
2. Vermeidung unnötiger Starts
3. Vermeidung unnötiger Fahrten
4. Beachtung der bekannten Kraftstoff-Spar-Regeln
5. Vermeidung des unsinnigen „Warmlaufens" im Leerlauf (hohe Emission bei kaltem Kat, motorschädigend durch Ölfilmzerstörung und nicht effektiv durch fehlende Belastung; kalte Motoren mit Abgastemperaturen unter 200° C bzw. 300° C haben einen erhöhten Schadstoffausstoß).

Zu c) Die menschliche Herausforderung an unsere Gesellschaft erscheint uns nach mehreren Tagen intensiver Beschäftigung mit der Psychologie der Autonutzer

- so vielschichtig,
- so kompliziert und teilweise
- so widersprüchlich,

wie eben die Psyche der Menschen beschaffen ist, so dass allgemeingültige Aussagen schwer fallen.

Da ein Auto „so schlimm und so gut" ist wie sein Käufer und Nutzer, hängt die Zukunft der Autowelt absolut nicht nur von der Technik ab, auch nicht nur von Regierungen und nicht nur von Vorschriften und Grenzwerten.

Auto-Lust trotz Diesel-Frust?

Unser Studium der aktuellen Firmenprospekte und der bunten Automobil-Fachmagazine ergibt bis heute eine geschlossene schöne Autowelt voller Auto-Lust, voller Autogenuss und voller wichtiger Details wie die „Haptik des Wurzelholzlenkrads", die „Eleganz der Stepp-Ziernaht am Fahrersitz" oder die „Endrohrgestaltung in vierflutiger Optik" (Prospekttext). Die kW/PS-Zahlen, die Beschleunigungen und die Höchstgeschwindigkeiten überschlagen sich ständig, ebenso die tausendfachen Ausstattungsdetails, die den

Status des Besitzers bezeugen sollen. Sind „Athletik", „muskulöser Hüftschwung", „Emotion" und „Wert-Anmutung" (Prospekttexte) die entscheidenden Faktoren zum Kauf? Ist das Auto immer noch der Mustang des modernen Cowboys?
Die Antworten auf die genannte Frage

„Auto-Lust trotz Diesel-Frust?"

haben wir wie folgt gefunden:

1. **Auto-Lust ja** – aber maßvoll modifiziert zugunsten vernünftiger Zugeständnisse an Bevölkerungsdichte, Ballungsräume und die daraus erwachsenen Probleme.
2. **Diesel-Frust nein** – die Hetzkampagne ist unnötig und übertrieben, weil praktiziert nach der Trumpschen Methode „Feind finden, draufhauen, alternativlose Wunderlösung durchdrücken".
3. **Schluss mit der verbalen Umweltverschmutzung** – Autos zu verteufeln, obwohl sie unverzichtbar sind, und die Leute, die mit ihnen beschäftigt sind, zu beleidigen und an den Pranger zu stellen.
4. **Hierzu Presse- und Literaturzitate angeblich seriöser Verfasser:** „Fehlkonstruktion, Auslaufmodell, Irrläufer der Geschichte, stinkende schmutzige Blechkarre, schädliche Blechlawine" usw., mit der gute 15 bzw. 46 Millionen Autofahrer, mehr als die Hälfte der Deutschen, in den letzten Jahren gebrandmarkt werden.
5. **Gemeinsame Einsicht** in zumutbare Verhaltenskorrekturen, ohne durch eine „Wende", nicht vollständig durchdacht und profitgesteuert, alles Gewachsene auf den Kopf zu stellen.

Autofahrer sein dürfen wir auch in Zukunft ohne ständig schlechtes Gewissen, wenn wir Zugeständnisse machen an die relative Sauberkeit der Emissionen durch maximale Schadstoffminderung („sauber" in der CO_2-Bilanz gibt es nicht, auch nicht beim E-Mobil) , durch vernünftige und menschenfreundliche Tempobeschränkungen und Entschleunigung – gemeinsam mit mehr Rücksicht auf Radfahrer, Fußgänger, Kinder und Benachteiligte.

Die AG 6

Vor der Aula

 Toll, Lisa, was unsere Leute in den AGs da alles herausgefunden haben – man könnte ein Buch daraus machen.

Ja, spannend – ´s wird nicht einfach sein für uns, das alles auf einen Nenner zu bringen für unseren Vortrag.

Nein, auf einen Nenner bringen wir das ganze Thema sowieso nicht – dazu ist alles zu komplex und oft widersprüchlich.

Ja, Tom, aber wir können doch versuchen, etwas mehr Klarheit und mehr Neutralität zu schaffen, als die verschiedenen Interessengruppen es machen – mit ihren meist einseitigen, teilweise unwahren Darstellungen, oder?

Ja, das ist unser Ziel – und wir können das Ganze ein bisschen unterhaltsam gestalten, indem wir uns die Bälle zuspielen …

… damit auch noch Auto-Lust rüberkommt!

Na dann, gehen wir´s an – die Aula war noch nie so voll!
Viel Glück, Lisa!

Die Lösung?

AG 7: „Gesamtpräsentation"

Mein Name ist Lisa.
Ich begrüße ganz herzlich unsere Schulleiterin Frau Schulmeister, unser Kollegium, Sie, liebe Eltern und Euch – hey,
Fans!
Uns, die 11. Klassen, freut es sehr, dass Sie alle gekommen
sind und offensichtlich großes Interesse an unserem Thema
besteht.
Ganz besonders danken wollen wir unserer Rektorin für ihre Idee zur Projektwoche unter dem Motto „Auto-Lust 2030" und unseren Fachlehrerin-
nen und Fachlehrern für ihre Themenstellungen, für die Literaturtipps und
für ihr Engagement, nicht nur an den Tagen der Projektwoche.
Danke – hat uns voll Spaß gemacht!
Jetzt übergebe ich an Tom!

Danke, Lisa!
Wir aus der Gruppe AG 7 haben eine Woche lang den AGs 1
bis 6 zugehört und versucht, uns ein Bild zu machen, das Lisa
und ich heute vorstellen dürfen.Das war nicht einfach – gab es
doch viele Quellen, Zahlen, Aussagen und Meinungen, die wir
einordnen wollten. Die widersprachen sich ganz oft und so gab
es manche Diskussion, ab und zu sogar Streit.
Wir haben uns bemüht, die Ergebnisse der AG 1 bis 6 auszuwerten, zu wür-
digen und gestrafft zusammenzufassen.
Wichtig ist uns aber, auch eigene Erkenntnisse vorzutragen, die wir sozusa-
gen zwischen den Zeilen der AG-Berichte gefunden haben. Für sämtliche
Rechercheure möchten wir um Nachsicht bitten, wenn wir zu direkt gefragt,
zu tief nachgebohrt oder zu naiv gefolgert haben. Auch können unsere Ergebnisse, Stellungnahmen und Meinungen fehlerhaft oder politisch nicht
korrekt sein – wir haben unser Bestes gegeben.
Bitte, Lisa!

Danke, Tom!

© Springer Fachmedien Wiesbaden GmbH, ein Teil von Springer Nature 2018
K.-G. Heyne, G. Schmiedgen, *Autolust! Dieselfrust?*,
https://doi.org/10.1007/978-3-658-21609-2_8

Unser Gesamtthema ist ja „Auto-Lust 2030".Dafür haben wir gute Nachrichten, aber auch weniger gute. Ich beginne mal mit den sieben schlechten Nachrichten:

- Es gibt keine Patentlösung,
- es gibt kein Energiewunder,
- es gibt keine Wunder-Energie,
- es gibt keine Antriebsform ohne Nachteile, daher
- wird es keine Verkehrswende,
- wird es kein E-Mobil-Wunder und
- und auch keine Mobilitäts-Sensation geben!

Warum, werden Sie fragen – woher diese Aussagen?
Ich höre Sie denken: „Die Technik hat doch immer eine Lösung gefunden!"
Nun, die Antwort ist ganz einfach:

Die Natur ist der Grund, nur die Natur!

Wieso Natur?
Was haben Blumen, Bäume, Tiere, die ganze schöne Biologie, mit dem Auto zu tun?

Wir sind weder optimistisch noch pessimistisch, wir sind realistisch!
Dieser Realismus kommt aus den Naturwissenschaften, genauer gesagt aus den Naturgesetzen der Physik und der Chemie. Deren Gesetze beherrschen und gestalten die Technik, mit der wir Autos bauen, und sie beherrschen die Energie, mit der wir die Autos antreiben.
Diese Naturgesetze bestimmen auch das Erdklima.
Technik und Energie brauchen Rohstoffe, die wir aus der Erdkruste* unseres „Raumschiffs Terra 1" herausgeholt haben bzw. noch herausholen können – **soweit und solange dort noch etwas zu holen ist.**

„Energiewunder" oder „Wunder-Energie"?

Aus den bekannten Energieformen sind Energiewunder durch neue Kombinationen nicht wahrscheinlich, auch keine neue Wunder-Energie aus der Erdkruste oder irgendwoher – dazu ist die Erdkruste zu genau erforscht. An das heiße Erdinnere kommt man nicht heran. Möglich ist, völlig hypothetisch, die Nutzung des Methan-Hydrats, wenn es vom Meeresgrund gefördert werden kann. **Energie von außerhalb aber kommt nur von der Sonne.**

Antriebsformen:
Alle Techniken, ein Auto anzutreiben, haben irgendwelche Vor- und Nachteile ähnlicher Größenordnung, weshalb alle Techniken nebeneinander Zukunft haben können und sollen.
Verkehrswende?
Dieser optimistische, sehr oft und meist radikal benutzte Begriff ist viel zu hoch gegriffen – die Menschen, um deren Gewohnheiten, Einstellungen und eben auch deren Autos es geht, wenden sich ungern – das zeigt die Geschichte, bis zurück in die vergangenen Jahrzehnte.
Über diese sieben Punkte lohnt es sicher, später eingehend zu diskutieren.

Aber bei allem Realismus gibt es auch sieben positive Nachrichten, die wir den weniger guten Tatsachen gegenüber stellen wollen.
Ich will gleich mit der ersten guten Nachricht beginnen:
Die AG 1 hat mit dem Thema „Auto heute" ein Merkblatt erarbeitet, das deutlich macht, dass es schon mindestens 40 verschiedene schadstoffarme

Dieselautos, Benzinautos, Gasautos, Benzinhybride und E-Mobile zu kaufen gibt, wir also schon eine gute Auswahl haben.
Dieses Merkblatt liegt zu Ihrer Information in der Pause hier vorne aus; es stellt aber nur eine beispielhafte, unvollständige Auswahl dar!
Ab Mai 2018 (Auskunft von Autohändlern) werden zahlreiche weitere Benzin-, Diesel- und E-Autos auf dem Markt sein, die in Innenstädten fahren dürfen, also die Tests **WLTP** (Welt-Prüfstands-Test), den **RDE** (Real-Test-im-Fahrbetrieb) oder das **EmoG** (Elektro-Mobilitäts-Gesetz vom 15.Juni 2015) erfüllen, **(Abb. 10)**.
Bitte schön, Lisa!

Danke, Tom!
Und nun die 2. gute Nachricht!
Die AG 2 „Verkehrswende?" hat zwei ganz hervorragende Werke zu diesem Thema gefunden, nämlich von Petersen/Schallaböck „Mobilität von

morgen" und von Vester „Crashtest Mobilität".Die drei Verfasser haben vor 23 Jahren zahlreiche gut durchdachte Ideen, Erkenntnisse und Vorschläge erarbeitet, deren Realisierung wir heute überprüfen können – auch wenn die Ergebnisse bis heute ziemlich ernüchternd sind. Vielleicht sagt uns diese Rückschau, welche Kurskorrekturen zu idealistisch und welche möglich sind.Der große Verhaltensforscher Konrad Lorenz hat mal festgestellt, dass die Trägheit der Menschenheit auch ihre Rettung ist:

„Ginge es nach den Alten, würde sich überhaupt nichts ändern – hätten nur die Jungen das Sagen, würde die Menschheit von einem Zick-Zack-Kurs zum anderen taumeln."

Es geht also um den goldenen Mittelweg, der sich leider politisch nicht so gut verkaufen lässt: Sinnvolle, behutsame Änderungen von Vorschriften, gut durchdachte Umbauten oder Umwidmungen von Verkehrsflächen – alle gut vorbereitet, getestet durch Pilotprojektphasen und begleitet durch permanente Überprüfung der Folgen.

„Auto morgen" hieß das Thema der AG 3.
Die gute Nachricht Nr. 3 ist, dass das Auto von morgen uns weiterhin Freude machen wird – wenn auch in verschiedener Weise.

Über das Thema „Auto morgen" hat sich die AG 3 in ihren Meinungen zweigeteilt in die „Innos", also die Innovativen, und die „Realos", also die Pragmatiker.Die **„Innos"** schwärmen von Autos, die vorwiegend elektrisch fahren, die automatisch fahren und in denen man sich nicht mehr ums Lenken und Fahren kümmern muss. Außerdem können sie sich gut vorstellen, ihr Auto im CarSharing zu teilen.

Die **„Realos"** dagegen wollen selbst noch etwas in der Hand haben, also selbst steuern, aber gern Assistenzsysteme nutzen. **Die Autowelt der Zukunft, so glauben sie, wird bis 2030 zu ca. 40 % aus „Verbrennern", ca. 40 % aus Strong-Hybriden und vielleicht zu 20 % aus E-Mobilen bestehen.** CarSharing können sich die „Realos" weniger vorstellen. Sie glauben, dass das Teilen von Eigentum und dessen freie Verfügbarkeit sich widersprechen. Der heutige Wohlstand und die heutigen Gewohnheiten enthalten sehr viel Individualität, d. h. unterschiedliche Beziehungen zu teuren Gegenständen wie Häusern, Autos, hochwertigen Fahrrädern usw. und deren Behandlung und Pflege.

In einem Punkt sind sich „Innos" und „Realos" einig: Das sind vernünftige und notwendige Tempogrenzen von 30/50 in Städten, 90 km/h auf der Landstraße und 120 km/h auf Autobahnen. Ihre Beweggründe sind allerdings unterschiedlich. Für die „Innos" ist die Tempobegrenzung notwendig für das reibungslose Autonome Fahren und die „Realos" wollen kleine, leichtere und einfache Fahrzeuge, um Geld zu sparen und mit geringerem Energieverbrauch weniger CO_2 zu erzeugen.

Die gute Nachricht der AG 4 „Antriebstechnik" lautet:
Wir brauchen nicht auf Verbrennungsmotoren zu verzichten!
Das heißt: 46 Millionen Autofahrer mit Verbrennungsmotoren können ihr schlechtes Gewissen beruhigen, falls sie dieses verspüren angesichts der vielen erhobenen Zeigefinger in den Medien.
Es gibt viel mehr Antriebswege in die automobile Zukunft als nur die E-Mobilität. Die E-Mobilität hat genauso viele Vor- und Nachteile wie alle anderen Varianten.
Das geht aus den Vergleichszahlen der mittleren realen Wirkungsgrade und der Verluste hervor. Aus den Zahlenwerten wird auch deutlich, dass die politische Bevorzugung des vollelektrischen Antriebs allein zur NO_2-Vermeidung zu Ungunsten vorhandener, bewährter und ständig optimierter Antriebstechniken zu isoliert gedacht, unsachgemäß und kaum zielführend für die Klimafrage ist.

Die Einsicht in ein **gemeinschaftliches** Bemühen unserer Wirtschaft und der Gesellschaft ist zielführender als die von der Regierung verordnete Lösung (1 Million E-Mobile bis 2020), als die beinharte Konkurrenz der Stromwirtschaft zu den Verbrennungsmotoren und als die Anprangerung technisch notwendiger Absprachen in Arbeitskreisen, aus denen ja die wichtige Normung hervorgehen muss, durch das Kartellamt und die Medien.
Wenn wir die Probleme des Transports, des Verkehrs und der Klimabedrohung gemeinschaftlich und nicht gegeneinander lösen wollen, ist viel gewonnen.
Gut informierte und verantwortungsbewusste Autokäufer und Benutzer haben die Chance, Vernunft zu kombinieren mit Auto-Lust und Freude am Fahren.

Die AG 4 macht abschließend zwei soziale Vorschläge: Finanzierung des ÖPNV und der Bahn durch eine entsprechend gestaltete kW/PS-Steuer, **(Abb.11)**. Alle Verkehrsteilnehmer  können dann kostenlos, ggf. mit einer günstigen Jahreskarte, frei fahren. Mit einem solchen Steueraufkommen können beispielsweise die ca. 10 % Besitzer leistungsstarker Autos ungefähr 50 % der 40-kW-Vernunftsautos querfinanzieren und so mit gutem Gewissen ihre großen, teuren Lieblinge genießen.

Außerdem empfiehlt die AG 4 realistische, klimarelevante Preise für Treibstoffe und Strom, um die erste Maßnahme zu stützen und um zur Verkehrsvermeidung beizutragen.

Raucht Ihnen schon der Kopf?
Sicher ist Ihnen Manches bekannt vorgekommen, vielleicht ist auch einiges Neues dabei. Haben Sie gedacht, dass die Dinge so stark miteinander verflochten sind?
Uns Rechercheuren ist es jedenfalls so ergangen: Je tiefer wir in die Materie eingedrungen sind, desto verwirrender wurde sie zunächst für uns. Umso besser, dass wir fünf Tage bzw. ca. 1.400 Arbeitsstunden für konzentriertes Suchen, Bewerten und Verdichten aufwänden konnten – Zeit, die Sie, die Zuhörenden, im Alltagsgeschehen kaum haben. Das Ergebnis dieser Mühe waren einige Zusammenhänge, über die wir Ihnen heute berichten.

Wir kommen jetzt zur 5. guten Nachricht – den Erkenntnissen der AG 5 mit der Aufgabenstellung **„Auto-Elektronik"**.
Die Elektronik hat, wie wir alle z. B. bei den Smartphones erleben, auch im Auto Riesenfortschritte gemacht. Sie hat viele Wünsche erfüllt, aber auch neue Fantasien möglich gemacht. Dabei stellt sich die Frage: Wieviel Elektronik **muss sein**, wieviel **darf sein** und welche Elektronik **gängelt oder stört beim Fahren**? Über diese Frage hat sich die AG 5 so heftig zerstritten, dass sie drei getrennte Berichte ihrer Arbeit abgeliefert hat. Ich vermute, das wird unter Ihnen in der Diskussion später und dem „Autovolk" draußen ähnlich gehen. So ein Streit hat aber auch sein Gutes, finde ich: Vielleicht finden Sie Ihre Einstellung wieder bei den **„Freaks"** („Elektronik ist voll geil"), bei den **„Normalos"** („Assistenzsysteme ja – aber abschaltbar") oder bei den **„Puristen"** („Was nicht da ist, kostet nichts und fällt nicht aus!"). Alle drei Richtungen, so hat sich uns gezeigt, haben ihre Vorzüge und Probleme:

Die **Freaks** ersehnen jede Art Autonomes Fahren (AF) und möchten im eigenen Auto lieber gefahren werden als selbst zu fahren. Sie glauben, dass der Verkehr dadurch flüssiger und sicherer wird. Die Kosten und die Kinderkrankheiten werden sich schnell normalisieren, meinen sie.

Die **Normalos** sehen das anders:
Helfen darf die Elektronik schon, aber nicht gängeln, stören oder belästigen z. B. durch massive Eingriffe in die Lenkung oder störende Piepstöne. Normalos wollen selbst Kapitän sein und nur falls nötig die Hilfe ihrer elektronischen Assistenz-Crew in Anspruch nehmen – wenn sie es denn wollen! Als Beispiele dienen die Müdigkeitserkennung oder eine dominierende Verbrauchsanzeige im Head-up-Display.

Die 3. Gruppe der Elektroniker, **die Puristen**, wollen ein unkompliziertes, elektronik-armes, preiswertes Auto mit möglichst geringer Belastung der Rohstoff-Vorräte, der Energiequellen und des Klimas. Sie sind fest davon überzeugt, dass mit etwas weniger Fahrfreude und dafür etwas mehr Vernunft die Auto-Lust der Zukunft am besten erhalten bleibt – und dass der Verkehr mit all seinen Spezialsituationen so am flüssigsten und am sichersten zu bewältigen ist.

Insgesamt bleibt die Frage der Kosten, der Diagnose- und Reparaturfähigkeit und schließlich, ob immer mehr Elektronik das Auto sicherer macht. (Um nur drei Probleme zu nennen: Ausfälle, Eingriffe von außen und Datenklau)
Gut ist jedenfalls die Aussicht, dass die Elektronik mit ihrer Vielseitigkeit dem Auto nützen kann, aber nicht muss.

Damit kommen wir zu guter Letzt zur 6. AG mit der Thematik **„Die globale Herausforderung"**.
Dieses Thema klingt ziemlich pauschal – und so hatte die AG 6 ihre liebe Not, einen Einstieg und eine Struktur für ihre Arbeit zu finden. Aber mit Logik, Systematik und etwas Hilfe klappte es dann doch:
Die Herausforderung „Zukunft" wurde mit drei Teilfragen untersucht und bearbeitet:
- Globale Wirtschaft
- Klimaschutz
- Gesellschaftliche Herausforderung

Was die **globale Wirtschaft** mit ihren Konzernen, Theoretikern und Führungskräften vorgibt, ist nicht für jeden einsehbar und erst recht nicht jedem sympathisch. Da wird von gewaltigen Umbrüchen, Firmenpleiten und Massenentlassungen orakelt, wenn die Wirtschaft „nicht die Kurve kriegt", [16].

Die „Kurve" soll darin bestehen, dass nach Überzeugung von „Zukunftsexperten", Politikern und Medien das Auto der Zukunft nur drei Eigenschaften haben darf:
1. „Es muss vollelektrisch angetrieben werden."
2. „Es muss autonom fahren."
3. „Es muss geteilt werden unter den Benutzern."

Wir haben uns gefragt, ob fehlender physikalisch-technischer Sachverstand oder höchste Raffinesse, von wichtigeren, schwer lösbaren Problemen abzulenken, oder einfach Profitstreben die Gründe sind. Wir meinen, dass es folgerichtig und an der Zeit ist, unser Wirtschaftssystem, das auf ständigem Wettbewerb, Wachstum und dem Recht des Marktstärkeren aufgebaut ist, neu zu überdenken oder zu verlassen – wenn das überhaupt möglich ist (Hauptmängel bekanntlich: Flucht in Steuerparadiese; ungedämpfter, weil unbesteuerter Aktienhandel; computerinterner Aktienhandel; der Zinseszins usw.)

Frederik Vesper ist einer der klugen Köpfe und Wissenschaftler, die aus dem kritischen Nachdenken heraus Wegweisungen entwickelt haben. Er schreibt sinngemäß, dass diese Wirtschaftsweise krank und widernatürlich ist. Sie verstößt mit der ausschließlichen Priorität des Wachstums und der Vermehrung des Wohlstandes, sprich der Geldmenge, gegen die Regeln der Biokybernetik und kann so nicht dauerhaft sein.

Intakte Biosysteme laut Frederik Vester schaukeln sich nicht auf, sondern streben einen stabilen Zustand an, indem ihnen natürlicherweise zur Beruhigung ständig Energie entzogen wird. Vergleichbares Beispiel: So wie man einen Streit zwischen Menschen durch Anstachelung eskalieren lassen kann, bis hin zum Mord, ist es möglich, durch beruhigende Worte die „Streit-Energie" herabzusetzen bis hin zu Einigkeit und Frieden.

Die alleinige Maximierung des Geldes verdeckt und ignoriert wichtige Regeln und Risiken unserer globalen Existenz. Umweltschäden, insbesondere die globale Erwärmung, lassen sich nicht in Geldsummen vollständig ausdrücken oder durch Geld wieder gut machen.

Die gute Nachricht ist, dass wir das alles nicht mitmachen müssen!
Als Autokäufer und -nutzer müssen wir nicht alles nehmen, was uns, billig oder politisch gewollt, angeboten wird. Unser Geld können wir mit Klugheit und Durchblick ausgeben, anstatt uns brav anzupassen und uns damit den Strategien der „Markt-Bestimmer" zu beugen.

„Alle Macht dem Auto-Publikum!"

fordert die AG 6 – sie bietet detaillierte Kaufberatung an, um im Dschungel der Versprechungen, Verlockungen und der Daten beim Autokauf das Richtige zu wählen.
Beispiel: Bestelle ich die „Endrohre in vierflutiger Optik" für den „athletischen Auftritt" mit „Sportwagen-Feeling" (Prospekttexte) oder für den halben Preis das Stahl-Notrad mit Wagenheber und Werkzeug? Dafür gibt es auch das Merkblatt der AG 1!

So verschieden ist echte Auto-Lust! Anschließend möchten wir den **Klima-Aspekt** ansprechen. Die AG 6 verlangt zur Entlastung des Klimas – weltweit, regional und ebenso lokal – den „CO_2-Rucksack" jedes Fahrzeugs zu beachten. Dieser „Rucksack", stellvertretend für den Herstellungsaufwand an Energie und Rohstoffen sowie die damit verbundene CO_2-Menge, belastet unser Klima.

Beispiel 1: Ein klassisches Fahrrad mit Stahlrahmen habe den CO_2-Rucksack von 100 %, dann beträgt derjenige des Aluminium-Rades bereits 500 % und beim hochmodernen 8 kg-Carbon-Superbike ungefähr 7.000 %, also das 70-fache von Stahl, wenn man die Gewinnungsenergien pro kg der Rahmen-Materialien vergleicht.

Beispiel 2: Eine herkömmliche, nicht mehr käufliche Glühbirne bestand aus 5 Teilen mit 14 Inhaltstoffen, während die damals nachfolgende Energiesparbirne ca. 40 Bauteile mit 29 Materialien durch die eingebaute Schaltung aufwies.

Ich denke, das verdeutlicht das Dilemma der Techniker, nach energie-intensiver Herstellung, die Produktionsenergie und deren CO_2-Ballast im Betrieb wieder herauszusparen, ganz zu schweigen vom erhöhten Sortier- und Aufbereitungsaufwand (Strombedarf) beim Recyceln der Materialien am Ende der Lebensdauer.
Das bedeutet ganz simpel:

Im Zweifelsfall geht Klimaschutz vor örtlicher Luftreinhaltung!
Wenn die Erderwärmung munter weiter geht, nützt uns örtliche saubere
Luft auch nichts mehr. Ideal sind alle Fälle, in denen sich beide Ziele verbinden lassen. Außerdem: Die Umwelt- und Klimaschäden gerade der andau-
ernden Kriege machen viele friedlichen technischen Bemühungen zunichte.

 Der Klimawandel ist nur global aufzuhalten – insofern nüt-
zen auch die größten nationalen oder sogar regionalen An-
strengungen der gern so vorbildlichen Deutschen oder der
Europäer allein nichts. Ziehen nicht alle über 200 Nationen
weltweit mit, werden wir uns international nicht bald einig,
echte schmerzhafte Einschnitte zu realisieren, steigt die
Global-Temperatur weiter an. Die Folgen sind für unsere
heutige junge Generation spürbar, für unsere Kinder vielleicht katastrophal.

Für die Behandlung der **gesellschaftlichen Verantwortung** als
letzten Punkt möchten wir ein wenig philosophisch werden:
Die Globale Herausforderung an unsere Gesellschaft heißt
nicht, dass wir unser Leben nur noch in Sack und Asche dahin
fristen müssen und natürlich nicht mehr Auto fahren dürfen.
Daher lautet die 6. gute Nachricht:
Wir dürfen leben und Auto fahren – ohne schlechtes Gewissen!
Die Frage ist nur – wie? **(Abb. 9 und 12)** Unsere Antwort lautet so:
**Indem wir alle, die Gesellschaft, die Menschheit, allesamt uns einig sind,
die lebenswerte menschliche Existenz auf dem Erdball möglichst lange zu
erhalten.**

Das Hauptproblem der Menschheit besteht nach unserer Meinung in der
globalen Uneinigkeit. Die Verschiedenheit der Charaktere der führenden
Akteure, der Religionen und der Lebensauffassungen der Völker führen zu
Abgrenzungen, permanenter Konkurrenz und ständig neuen Konflikten. Wir
haben die Befürchtung, dass der gemeinsame Wille zur Erhaltung unserer
globalen Anwesenheit vielleicht nicht erreicht werden kann – dass „das
Hemd immer näher als die Hose bleibt".

Lassen Sie uns hoffen, dass diese Befürchtung sich nicht bewahrheiten wird. Dabei können wir den kleinen Fischen im Meer die **Schwarmintelligenz** abgucken, die Ihnen sicher nicht neu ist: Sowie sich nämlich die kleinen Fische zu einem Riesenschwarm vereinigen, der sich wie ein respekteinflößender Großfisch bewegt, weil alle Fische in ihm das gleiche Ziel des Überlebens verfolgen, so können auch wir Menschen gemeinsam handeln, wenn wir es nur wollen.

Dass gerade das Auto heute noch ein Symbol sozialer Ungleichheit zwischen „kleinen und großen Fischen" darstellt und sein Statuswert eher trennt als verbindet, ist ein nicht unwichtiges Problem für die automobile Zukunft und die künftige Klimapolitik. Diese Ungleichheit in der Zukunft etwas abzubauen, ist ein lohnendes Ziel.

Soweit unsere Meinung zur gesellschaftlichen Herausforderung der globalen Zukunft! Zugegeben, diese Herausforderung beruht auf einer nicht nur fröhlichen Vorschau. Aber wir haben das alles nicht so locker und lustig gefunden in den vielen Quellen. Ihnen, liebe Zuhörerinnen und Zuhörer, einfach an der Oberfläche gute Stimmung zu machen, fänden wir nicht gut.

Wenn wir es wirklich wollen und alle an einem Strick ziehen und das, bitte, in die gleiche Richtung, können wir durch das Auto mitbestimmen, welche Folgen auf uns zukommen.

Damit kommen wir zu unserer **Auto-Vision 2030**!

Wir haben sie dreifach untergliedert,

1. die Tatsachen,
2. die Erwartungen,
3. die Hoffnungen,

und haben uns von der Literatur-AG ein Gedicht machen lassen, das Ihnen jetzt Lisa vorträgt.

Auto-Vision 2030

Die Tatsachen

Auto-Lust soll gern uns bleiben – Diesel-Frust adé!
Vierzig optimierte Autos und noch mehr ich seh´.
Denn in unser aller Zukunft führen viele Auto-Wege,
auch die E-Mobile kommen, sie vermehren bald sich rege.
Tempo-Limits mit Verstand, wenig CO_2 zu blasen –
Hallo Partner, dankeschön – fahr mit Freude statt zu rasen!

Die Erwartungen

Unsre Schätzung: In 12 Jahren … fahren 40 – 40 – 20[1].
CO_2 bleibt das Problem, dem die Welt soll widmen ganz sich!
Alle Techniken verwerten – sachlich, ehrlich und neutral – ,
kluge Köpfe forschen lassen, lohnt sich schließlich allemal.
Stromnetz-Ausbau nach Bedarf, ein Zuviel ist Geldvergeudung –
Energie muss so viel kosten, dass sie schafft Verkehrsvermeidung!

Die Hoffnungen

Hoffnung auf Gemeinsamkeit zur Verfolgung dieser Ziele
bringt die Einsicht in die Zukunft – für Gedanken und Gefühle.
Statt für immer mehr Rendite Konkurrenten zu bekämpfen,
besser zieh´n an einem Strang – doch zu viel Erwartung dämpfen.
Wenig opfern, viel behalten – alle Fakten sind bekannt …
… und der Weg für unser Land?
Auto-Lust mit viel Verstand!

---

[1] 40 % Verbrenner – 40 % Hybride – 20 % E-Mobile

Zurück aus der Vision zu Ihnen und uns:
Die 7. gute und entscheidende Nachricht lautet:
- **Sie haben nun unsere Informationen**
- **Sie haben nun viel Wissen**
- **Sie haben die Freiheit der Wahl …**
… der Wahl – Innos, Realos, Freaks, Normalos oder Puristen zu sein, … die Freiheit der Wahl, nicht nur Ihre und unsere automobile Zukunft mitzubestimmen, sondern auch die Zukunft des Klimas.
Die Auto-Vision 2030 und das Merkblatt der AG 1 liegen hier für Sie aus.
Bevor wir nach etwa 15 Minuten Pause in die Diskussion mit allen sieben AGs eintreten, möchte Lisa noch das Schlusswort sprechen.

Meine sehr geehrten Damen und Herren,
danke fürs Zuhören,
Ihnen und Euch, Fans, wünschen wir, Tom und ich,
    - unfallfreies Fahren
        - in eine gute Zukunft
            - ohne schlechtes Gewissen
                - und mit viel Auto-Lust!

                                  Danke!

Einige Tage später …

Na, wie fandst du Opa´s Geburtstag?
Hat er sich nicht gut gehalten für 75?

Ja, erstaunlich!
Er hat uns sehr gelobt, wir hätten´s gut gemacht – grad die richtige Mischung und nicht zu kompliziert. Dich fand er Spitze!

Danke, ich bin erst mal froh, dass die Woche vorbei ist, aber das Familientreffen war gut. Weißt du, dass mein Vater sein Diesel-Zugpferd nun umrüsten lässt auf SCR-Kat?

Cool! Und was ist mit deiner Mutter?

Die bekommt ihr E-Mobil – ein Kompaktauto mit 200 bis 300 km Reichweite – sie freut sich schon drauf.

Na klasse! Mein Vater denkt inzwischen an einen dicken Hybrid – er muss ja den Kunden zeigen, dass die Firma o.k. ist. Aber er macht noch was: Zwei Elektro-Druckluft-Aggregate will er bestellen und zwei andere mit Partikelfiltern und SCR nachrüsten. Dann hört die Meckerei auf den Stadt-Baustellen auf.

Da haben wir doch etwas bewegt!
Konnte er denn seine Leute beruhigen mit ihren Diesel-Sorgen?

Er hat ihnen einige Blätter aus der Projektwoche kopiert. Die haben sie sehr interessiert mitgenommen!

Wie schön! Und deine Mutter, ist für sie die Welt in Ordnung?

Ja, sie behält ihren geliebten Fridolin und fährt demnächst mit mir im Begleiteten Fahren – ich kann's kaum erwarten!

Darf ich mal mitkommen? Mein Führerschein ist schon angezahlt – in acht Wochen geht die Theorie los ...

Hinweise zu den Abbildungen

Die folgenden 12 Abbildungen, eine Auswahl aus vielen nützlichen Darstellungen, sollen den Text verdeutlichen:

Die Abb. 1 bis 4 zeigen die Stickoxid-Umwandlung für Dieselmotoren und die Bemühungen und Erfolge der NO_2- und der SO_2-Minderung.
In den Abb. 5 bis 7 sind Aspekte der E-Mobilität dargestellt.
Die Test- und Besteuerungsproblematik zeigen die Abb. 10 und 11.
Der Klimaschutz wird in den Abb. 8, 9 und 12 gezeigt.

Alle Abbildungen mit freundlicher Genehmigung der Urheber, teilweise bearbeitet durch die Autoren.

Übersicht der Abbildungen

Abb.1   SCR-katalytische Umwandlung von NO_x

Abb.2 NO_2-Jahresmittelwerte deutscher Städte

Abb.3 NO_2-Minderung deutscher Wirtschaftszweige 1990 bis 2015

Abb.4 SO_2-Minderung in Deutschland 1980 bis 2009

Abb.5   Batterietypen im Vergleich

Abb.6   Verbrauch des Nissan Leaf 2012/13

Abb.7   Deutsche Stromerzeugung um 2014, geordnet nach Nutzung

Abb.8a   Menschheitstrends 1 (1750 bis 2010)

Abb.8b   Menschheitstrends 2 (1750 bis 2010)

Abb.9 CO_2-Klimabelastungstypen in Stadt und Land

Abb.10   Abgastest NEFZ (1992) und WLTP (2017) im Vergleich

Abb.11   Fahrzeugausstattung und CO_2-Steuer

Abb.12 CO_2-Klimabelastung unserer Lebensmittel-Herstellung

© Springer Fachmedien Wiesbaden GmbH, ein Teil von Springer Nature 2018
K.-G. Heyne, G. Schmiedgen, *Autolust! Dieselfrust?*,
https://doi.org/10.1007/978-3-658-21609-2

Abb.1 SCR-katalytische Umwandlung von NO$_x$

Links: Abgaseintritt mit NO$_x$; von oben: AdBlue-Einspritzung; Mischzone;
rechts: Ammoniak (NH$_3$)-Erzeugung; Reduktion des NO$_x$; Abgasaustritt

Quelle: CONTINENTAL EMITEC

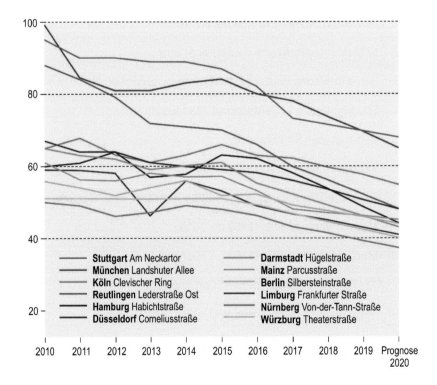

Abb. 2 NO$_2$-Jahresmittelwerte deutscher Städte

Quelle: UBA

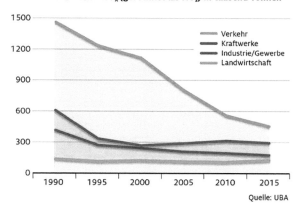

Die NOₓ-Belastung hat viele Verursacher

Hauptverantwortlich für Stickoxide bleibt der Verkehr, obwohl sich die Werte zuletzt verbesserten. Andere NOₓ-Quellen stagnieren.

Stickoxid-Emissonen NO$_x$ (gerechnet als NO$_2$) in tausend Tonnen

Quelle: UBA

Abb. 3 NO$_2$-Minderung deutscher Wirtschaftszweige 1990 bis 2015

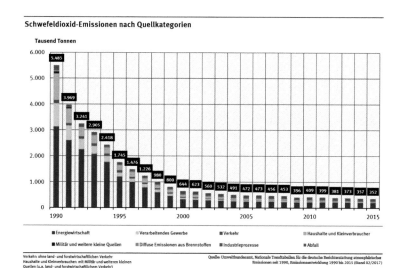

Schwefeldioxid-Emissionen nach Quellkategorien

Abb. 4 SO$_2$-Minderung in Deutschland 1980 bis 2009   Quelle: UBA

Batterie-Typ	Pb-PbO2 Blei-Säure	NiCd Nickel-Cadmium	NiMH Nickel-Metall-Hydrid	Li-Ion Lithium-Ionen
Zellenspannung [V]	2,0	1,25	1,25	3,6
Energiedichte [Wh/kg]	30-50	45-80	60-120	110-160
Ladezyklen für 80 % Kapazität	200-300	1500	300-500	500-1000
Selbstentladung pro Monat	5 %	20 %	30 %	10 %
Betriebstemperatur	-20 °C bis +60 °C	-40 °C bis +60 °C	-20 °C bis +60 °C	-20 °C bis +60 °C
Kosten pro Zyklus	100 %	40 %	120 %	140 %

Abb. 5 Batterietypen im Vergleich Quelle: nach Babiel [14]

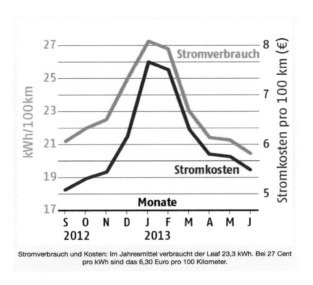

Stromverbrauch
Stromkosten
Monate
kWh/100km
Stromkosten pro 100 km (€)
27
25
23
21
19
17
8
7
6
5
S O N D J F M A M J
2012
2013
Stromverbrauch und Kosten: Im Jahresmittel verbraucht der Leaf 23,3 kWh. Bei 27 Cent pro kWh sind das 6,30 Euro pro 100 Kilometer.

Abb. 6 Verbrauch des Nissan Leaf 2012/13 Quelle: Marx [15, S. 8]

Kraftwerkstyp	Leistungs-anteil 1 installiert, möglich [%]	Leistungs-anteil 2 genutzt, tatsächlich [%]	Nutzung (Effektivität) 2 : 1 Verhältnis tatsächlich zu möglich [%] Bewertung
Photovoltaik	14,9	3,3	(22) sehr schwach
Windkraft	17,3	8,0	(46) schwach
Heizöl, Pumpspeicher, Sonstige	10,4	5,2	(50) schwach
Erdgas	15,4	14,1	(92) ausgewogen
Wasser (o. Pumpspeicher)	3,3	3,3	(100) ausgewogen
Steinkohle	16,4	18,1	(110) intensiv
Biomasse, Regenerative	3,2	6,1	(191) intensiv
Braunkohle	11,9	24,3	(204) sehr intensiv
Kernenergie	7,2	17,6	(244) maximal
Summe	100	100	

Abb. 7 Deutsche Stromerzeugung (um 2014), geordnet nach Nutzung
Quelle: nach Marx [15, S.9]

116

Diagramm 1

Diagramm 2

Diagramm 3

Diagramm 4

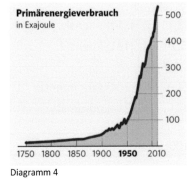

Diagramm 4

Diagramm 6

Abb. 8a Menschheitstrends 1

Quelle: Stuttgarter Zeitung und Nachrichten/Grafik: Manfred Zapletal

Stickoxide in der Luft
in Teile pro
Milliarde Teile Luft

Diagramm 7

Kohlendioxidgehalt der Luft
in Teile pro Million Teile Luft

Diagramm 8

Flächenverlust Regenwald
(im Vergleich zum Jahr 1700)
in Prozent

Diagramm 9

Terrestrischer Artenschwund
Rückgang der mittleren Häufigkeit
in Prozent (Schätzung)

Diagramm 10

Meeresfischfänge
in Millionen Tonnen pro Jahr

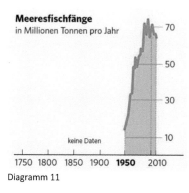

Diagramm 11

Reales Bruttoinlandsprodukt
in Billionen US-Dollar

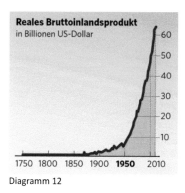

Diagramm 12

Abb. 8b Menschheitstrends 2

Quelle: Stuttgarter Zeitung und Nachrichten/Grafik: Manfred Zapletal

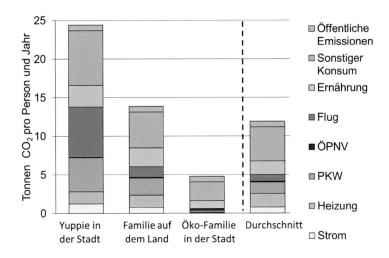

Abb. 9 CO$_2$-Klimabelastungstypen in Stadt und Land

Quelle: Institut für Energie- und Umweltforschung, Heidelberg

Vergleich der Messverfahren WLTP (WLTC) und NEFZ (NEDC)

Messwert	WLTP (WLTC)	NEFZ (NEDC)
Starttemperatur 25° C	Kaltstart	Kaltstart nach 40 s
Zykluszeit	30 min.	20 min.
Standzeitanteil	13 %	25 %
Zykluslänge	23.250 m	11.000 m
Geschwindigkeit mittel	46,6 km/h	34 km/h
Höchstgeschwindigkeit	131 km/h	120 km/h
Antriebsleistung mittel	11 kW	7 kW
Antriebsleistung maximal	42 kW	34 kW

Weitere Unterschiede:

In WLTP:Berücksichtigung von Sonderausstattungen, Gewicht, Aerodynamik und Ruhestrombedarf im Bordnetz, aber ohne Klimaanlage.

Im NEFZ: Messung nur an günstigster Basisausstattung, mehrere „Gestaltungsmöglichkeiten".

Abb. 10 Abgastests WLTP (2017) und NEFZ (1992) im Vergleich

Quelle: nach Wikipedia

Fahrzeug-ausstattung	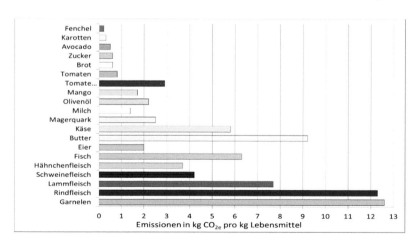 "Basis" (16"-Räder)	+ Schiebedach + 17"-Räder	+ Schiebedach + 18"-Räder + Leder-Sitze + AHK
CO_2-Werte			
NEFZ [gCO_2/km]	105	105	105
WLTP [gCO_2/km]	117	121 (+ 3 %)	125 (+ 7 %)
Steuer			
Kfz-Steuer BRD [€/a]	74	82 (+ 11%)	90 (+ 22%)
Luxussteuer NL (BPM) [€]	4.396	4.976 (+ 13%)	5.556 (+ 26%)

Abb. 11 Fahrzeug-Ausstattung und CO_2-Steuer

Quelle: Grafik auf der Basis von Herstellerangaben

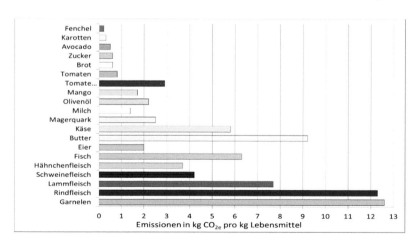

Abb. 12 CO_2-Klimabelastung unserer Lebensmittelherstellung

Quelle: Institut für Energie- und Umweltforschung, Heidelberg

120

Literatur (chronologisch)
Grundlegendes steht am Beginn dieser Liste,
die jüngsten Beiträge am Ende.

[1]	W.-H. Hucho	Aerodynamik des Automobils Vogel-Verlag	1981
[2]	H. Gerschler (Hrsg.)	Fachkunde Kraftfahrzeugtechnik Europa-Verlag	1988
[3]	K. Groth	Verbrennungs-kraftmaschinen Vieweg Verlag	1994
[4]	R. Petersen, K. O. Schallaböck	Mobilität für morgen Birkhäuser Verlag	1995
[5]	F. Vester	Chrashtest Mobilität Heyne Verlag	1995
[6]	L. F. Trueb	Die chemischen Elemente S. Hirzel Verlag	1996
[7]	K. Easterling, E. Zech	Werkstoffe im Trend Verlag Technik Berlin	1997
[8]	P. v. Flotow U. Steger	Die Brennstoffzelle – Ende des Verbrennungsmotors? Verlag Paul Haupt	1998
[9]	H. Holte	Rasende Liebe S. Hirzel Verlag	2000
[10]	R. Bosch (Hrsg.)	Dieselmotoren-Management Vieweg Verlag	2002

© Springer Fachmedien Wiesbaden GmbH, ein Teil von Springer Nature 2018
K.-G. Heyne, G. Schmiedgen, *Autolust! Dieselfrust?*,
https://doi.org/10.1007/978-3-658-21609-2

[11]	R. Bosch (Hrsg.)	Autoelektrik, Autoelektronik Vieweg und Teubner Verlag	2011
[12]	H. Grohe	Otto- und Dieselmotoren Vogel Verlag	2014
[13]	R. Bosch (Hrsg.)	Ottomotor-Management Springer Vieweg Verlag	2014
[14]	G. Babiel	Elektrische Antriebe in der Fahrzeugtechnik Springer Vieweg Verlag	2014
[15]	P. Marx	"Wirkungsgrad-Vergleich zwischen Fahrzeugen mit Verbrennungsmotor und Fahrzeugen mit Elektromotor" Der Elektrofachmann (Zs) Heft 1-2/2015	2015
[16]	F. Dudenhöffer	Wer kriegt die Kurve? Campus Verlag	2016
[17]	VCD	"Fairkehr" (Zeitschrift) fairkehr, Bonn	2016 2017
[18]	R. v. Basshuysen, F. Schäfer (Hrsg.)	Handbuch Verbrennungsmotoren Springer Vieweg Verlag	2017
[19]	K. Sigl	"Eine erfolgreiche Verkehrswende - was ist konkret zu tun?" alphapublic.de	2017

[20]	Bund der Energieverbraucher	Energiedepesche Heft 4/2017 Selbstverlag	2017
[21]	F. Rosin	"Wer ist hier der Klima-Sünder?" Auto-Bild 2/2018 Springer Auto Verlag	2018
[22]	Umwelt-Bundesamt	„Ergebnisse der Studie zur Krankheitslast von NO_2 in der Außenluft" uba/Publikationen	2018
[23]	D. Köhler	"NO_x-Studien haben schwere Systemfehler." BILDplus 11.3.2018	2018

Stichwörter des Glossars

Abgas

Abgas-Verbesserung

AdBlue -> SCR

Ampère -> Einheiten

Antriebe

Batterie

Benzin -> Kraftstoffe

Benzinmotor

Bestandschutz

BMS -> Elektro-Auto

Brennstoffzelle

CCS -> Laden

CHAdeMo -> Laden

Chemische Energie

CNG -> Kraftstoffe

Diesel -> Kraftstoffe

Dieselmotor

Einheiten

Elektro-Auto

Elektronik

Elemente

Erdatmosphäre

Erdkruste

Erneuerbare Energien

EU-Schadstoffklassen

Experte

Fahrverbrauch

Feinstaub

Garantie

Gasmotor

Gesundheit

Gewährleistung

Gift

Gleichstrom

Grenzwerte

Grundbelastung

Hausanschluss

Hybride

Kapazität -> Batterie

Katalysator

Kauf

Kilowattstunden

Klimawandel

Kohlendioxid

Kraftstoffe

Laden

Ladespannung -> Laden

Ladestrom

© Springer Fachmedien Wiesbaden GmbH, ein Teil von Springer Nature 2018
K.-G. Heyne, G. Schmiedgen, *Autolust! Dieselfrust?*,
https://doi.org/10.1007/978-3-658-21609-2

Leistung	Spannung -> Einheiten
LNG -> Kraftstoffe	Statistik
Lobbyisten	Stickoxide
LPG -> Kraftstoffe	Strom -> Einheiten
MAK -> Grenzwerte	Studie
Mechanische Energie	STVO
Netze	STVZO
Ölkrise	SUV
OME -> Kraftstoffe	Systemfehler
Organismus	Systemleistung
Ottomotor -> Benzinmotor	Tesla S
Partikel -> Feinstaub	Verbrauch
Partikelfilter	Verkehrskonzepte
Produkthaftung	Volt -> Einheiten
Recycling	Wandstation -> Laden
Reichweite -> Elektro-Auto	Wasserstoff
Rekuperation	Wechselstrom
SCR-Katalysator	Wirkungsgrad

Die nachfolgenden Definitionen und Erklärungen sind überwiegend dem naturwissenschaftlich-technisch-medizinischen Allgemeinwissen oder Wikipedia entnommen, also nicht unbedingt durch wissenschaftliche Quellenangaben belegt.
Ergänzungen und Kommentare der Autoren sind als solche gekennzeichnet.

Glossar

Abgas: Alles, was aus dem Auspuff strömt.
Entstehung: Frischgas = Atemluft (78 % Stickstoff N_2, 21 % Sauerstoff O_2 und 1 % Edelgase) strömt in den Motor. Durch den Kraftstoff mit Kohlenstoff C und Wasserstoff H_2 entsteht durch die Verbrennung (Oxidation) ein Abgas:
Benzinmotor-Abgas (roh): z. B. 71 % Stickstoff N_2; 13 % Wasserdampf H_2O; 14 % Kohlendioxid CO_2; 1 % Edelgase; 1 % Schadstoffe (giftig bzw. reizend)
Dieselmotor-Abgas (roh): z. B. 75 % Stickstoff N_2; 15 % Sauerstoff O_2; 7 % Kohlendioxid CO_2; 3 % Wasserdampf H_2O; 1 % Edelgase; 1 % Schadstoffe (giftig bzw. reizend)
1 % Schadstoffe sind Kohlenmonoxid CO (giftig), Stickoxide NO_X (augen- bzw. lungenreizend), unverbrannte Kohlenwasserstoffe $C_n H_m$ (krebsverdächtig) und Partikel (Feinstaub).

Abgas-Verbesserung: 1. Motorische Maßnahmen gegen die Schadstoffe durch geänderte Betriebsweise (z. B. Software), Einbauten (Hardware). 2. Schadstoff-Filterung bzw. -umwandlung z. B. durch Dreiwege-Kat, Oxidations-Kat, Partikelfilter, SCR-Kat und neue Verfahren.

AdBlue: -> SCR

Ampère: -> Einheiten

Antriebe: Verbrennungsmotoren wandeln chemische Energie aus dem Kraftstoff bzw. Elektromotoren wandeln elektrische Energie um in -> mechanische Energie als Drehmoment an den Antriebsrädern.

Batterie: Speicher elektrischer Energie durch Umwandlung in chemische Energie. Prinzipien: Trockenbatterie (z. B. Zink-Kohle), Starter-Batterie (Blei-Schwefelsäure), E-Mobil-Batterie (Lithium-Ionen) **(Abb.5)** und andere. Speichervermögen = Kapazität in kWh (Kilowattstunden); eine herkömmliche 12-V-Auto-Starterbatterie (Gewicht ca. 25 kg) mit ca. 80 Ah speichert 1 kWh und liefert theoretisch 80 Stunden lang die Stromstärke 1 Ampère.
Die Lebensdauer (zurzeit 5 - 8 Jahre) sinkt bei sehr häufigem, sehr schnellem -> Laden und bei häufigem Tiefentladen sowie bei hohen Entnahmeströmen (hohe Beschleunigung).

© Springer Fachmedien Wiesbaden GmbH, ein Teil von Springer Nature 2018
K.-G. Heyne, G. Schmiedgen, *Autolust! Dieselfrust?*,
https://doi.org/10.1007/978-3-658-21609-2

Kommentar: Eine Antriebsbatterie ist im Gegensatz zum simplen Kraftstoff-behälter ein relativ teurer, hochtechnisierter chemisch-physikalischer Ener-giewandler, dessen Eigenschaften und vor allem dessen Lebensdauer von vielen Details wie Materialien, Bauart, Ladeweise, Betriebsweise und Be-triebstemperaturen abhängen, **(Abb. 5 und 6)**.

Benzin: -> Kraftstoffe

Benzinmotor: Zweitakt- oder Viertakt-(Otto-)-motor, mit Kraftstoff-Verga-sung oder -Einspritzung, gesteuert durch Steuergerät-Software, Zündung durch Zündkerze; relativ hohe Drehzahlen, häufiger zu schalten, nicht so sparsam wie Dieselmotor, anteilig doppelt so viel CO_2, Problem z. Zt.: Fein-staub.

Bestandsschutz: Rechtsprinzip, vor allem im Bauwesen: Erhalt der vorhan-denen Substanz bei Einführung neuer Vorschriften.

BMS: -> Elektro-Auto

Brennstoffzelle: Moderner Energiewandler, wandelt chemische Energie des erzeugten Wasserstoffs direkt in elektrische Energie für den E-Motor um; mehrere Bauarten, vorzugsweise PEMFC (Polymer-Membran-Fuel-Cell), technisch anspruchsvoll, teuer, (Kapitel 13).

CCS: -> Laden

CHadeMo: -> Laden

Chemische Energie: Energieform aus chemischen Verbindungen, lässt sich umwandeln in elektrische oder mechanische Energie. Beispiele: Atomkern-spaltung zur Dampferzeugung für Turbinen oder Wasseraufspaltung zur Wasserstofferzeugung durch Elektrolyse.
CNG: -> Kraftstoffe

Diesel: -> Kraftstoffe

Dieselmotor: Zweitakt- (Schiffsgroß-) oder Viertakt-Motor (Fahrzeug) mit Kraftstoffzerstäubung durch Hochdruckeinspritzung, gesteuert durch Steuergerät-Software, Selbstzündung durch extreme Verdichtungstemperatur, sparsamer als Benzin- und Gasmotor, anteilig weniger CO_2 im Abgas, relativ niedrige Drehzahl, viel Durchzugskraft, weniger zu schalten, Problem z. Zt.: NO_2.

Einheiten:

A = Ampère = Dimension der elektrischen Stromstärke (Im Vergleich zur Wasserleitung: „Elektronenfluss-Mengenstrom")

Ah = Ampèrestunde = Theoretische Strommenge über 1 Stunde

V = Volt = Dimension der elektrischen Spannung (Potentialdifferenz zw. zwei Polen, im Vergleich zur Wasserleitung: „Elektronen-Druck")

bar = Druckdimension: 1 bar = 10^5Pa = 10 mWs (Wassersäule)

kW = Kilowatt: 1 kW = 1.000 Watt (= 1,36 PS = veraltet); Dimension der Leistung

kWh = Kilowattstunde = Dimension der Energie (Arbeitsvermögen 1 kWh = 1 kW eine Stunde lang)

Beispiel: 1 kW = 1.000 Watt ist die Leistung eines Toaströsters.

1 kWh = Speichervermögen einer PKW-Starterbatterie -> Batterie

Milligramm = Tausendstel-Gramm (mg); Mikrogramm = Millionstel-Gramm (μg); Nanogramm = Milliardstel-Gramm (ng)

Elektro-Auto: Auch E-Mobil; PKW mit batteriegespeistem Elektromotor-Antrieb.

Vorteile: Stufenloser (getriebefreier) Antrieb; sehr hohes Anfahrmoment; sehr leiser Betrieb; lokal NO_X-, CO- und CO_2 -frei;

Nachteile: Schwerer Batterieballast; Reichweite und Fahreigenschaften sind ladegrad-, temperatur- (Sommer/Winter, **Abb.6**) und fahrbedingt sehr unterschiedlich (Spreizung der Reichweite 1:3 und mehr), außerdem abhängig von elektrischen Zusatzlasten der Komforteinrichtungen -> Laden -> Hausanschluss. Beim Fahren häufige Schnellstarts und lange Volllast vermeiden. BMS (Batterie-Mangement-System) steuert Ströme etc.

Problem: Feinstaub (Bremsbeläge, Reifenabrieb, Aufwirbelungen)

Elektronik: Elektrik der Halbleiter-Bauelemente; hierzu gehören die Mikro-Elektronik und die Digital-Elektronik / EDV. Im Auto verwendet werden elektronische Assistenzsysteme bis hin zu Geräten des Autonomen Fahrens (AF) mit Internet-Verbindung.

Elemente: Bestandteile des Erdballs = Rohstoffe; zugänglich nur in der Erdkruste und der Erdatmosphäre. Die „natürlichen" Elemente von Wasserstoff bis Uran sind bekannt, aber begrenzt und in völlig unterschiedlichen Mengen verwertbar, teilweise bald erschöpft. Neu zu findende, großtechnisch verwertbare Elemente sind aus heutiger Sicht nicht zu erwarten.

Erdatmosphäre: Doppelt kritische Umhüllung des Erdballs: Erstens muss die Atemluft bis ca. 10 km Höhe möglichst sauber gehalten und zweitens die Ozonschicht in 20 bis 45 km Höhe gegen Zersetzung durch z. B. CO_2, Methan und FCKW geschützt werden, um weitere Erderwärmung zu verhindern. Diese Ziele können fallweise gegenläufig sein, wenn die NO_2-Minderung (Mikrogramm-Bereich) durch die starke CO_2-Zunahme von mehr Technik (Gramm-Bereich) erkauft wird (Verhältnis 1:1.000.000!).

Erdkruste: Äußere, relativ feste, sehr dünne Hülle des Erdballs, Stärke zwischen 5 – 10 km (Ozeanische Teile) und 25 – 70 km (kontinentale Teile). Alle mineralischen Rohstoffe kommen aus dieser Erdschicht; Kohle bis ca. 1,5 km, Gold derzeit bis 4 km Tiefe.

„Erneuerbare" Energie: Besser **Nachhaltige** Energie: Windkraft-, Wasserkraft- und Photovoltaik-Strom kommen allesamt von der Sonne; eingeschränkt Energie aus Geothermik = Erdwärme-Nutzung.

EU-Schadstoffklassen: Einteilung des Autos nach Schadstoff-Ausstoß im Abgas; betrifft die Schadstoffe CO, NO_2, Kohlenwasserstoffe CH und Partikel PM (Feinstaub); seit 1991 gibt es nacheinander vier EWG/EG-Richtlinien und sechs EU-Verordnungen (VO); die VO gelten ab 2009 für die Klassen 5 und 6; Autos der Klasse 5 gelten als auf-/nachrüstbar zur Klasse 6.
Besonders aktuell sind die Klassen 6b (ab 1.09.2016), 6c (ab 1.09.2018), 6d Temp (ab 1.09.2019) und 6d (ab 1.01.2021). Diesel-Grenzwerte dieser Normen sind zur Zeit strenger als die Grenzwerte für Benziner, deren Feinstaub aber ein Problem ist, beziehungsweise demnächst werden wird.
Die Schadstoffklasse ist zu finden im Fahrzeugschein (Zul.-Besch. Teil I) in Feld 1 bzw. Feld 14 und 14.1. Zu Feld 14.1 zählen die letzten beiden Ziffern als Schlüssel-Nrn. 35 AO bis 35 MO bzw. 36 NO bis 36 YO.

Behörden-Strategie-Tendenz für das ungiftige Klimagas CO_2:

Flotten-Grenzwerte (eines Herstellers):	bis 12/2011	120 g/km
	bis 12/2013	110 g/km
	bis 12/2019	95 g/km
je Fahrzeug	bis 12/2021	max. 95 g/km

Hier ist jedoch noch Vieles in der Diskussion! 95 g CO_2/km entstehen durch 3,6 dm^3/100km Diesel oder 4,1dm^3/100 km Benzin – dazu werden leichte, mäßig schnelle Autos benötigt.

Experte: Rechtlich nicht geschützter, relativer Begriff für einen Spezialisten; sinngemäß Fachmann mit Erfahrung, aber ohne besondere Legimitation (Wikipedia), z. B. Umweltexperte/-in einer politischen Partei.

Fahrverbrauch: Kraftstoff- bzw. Stromverbrauch im Fahrbetrieb; ist abhängig vom Beschleunigungswiderstand, Luftwiderstand, Rollwiderstand und dem Steigungswiderstand. Der Steigungswiderstand vergrößert sich proportional zur Steigung; der Beschleunigungswiderstand steigt proportional der Trägheit der Fahrzeugmasse und der rotierenden Massen, z. B. der Räder; der Rollwiderstand der Reifen ist bis Tempo 80 ungefähr konstant, steigt dann überproportional an; der Luftwiderstand vervierfacht sich bei Verdoppelung der Fahrgeschwindigkeit, entsprechend erhöht sich der Verbrauch und damit die CO_2-Belastung des Klimas, (-> Verbrauch).

Feinstaub: Gemisch aus festen und flüssigen Teilchen (Partikeln); 90 % davon entstehen natürlich (Gesteinserosion, Pilzsporen, Vulkanismus, Brände u. ä.) und nur 10 % sind von Menschen verursacht, davon ein großer Teil vom Verkehr. Je nach Partikel-Durchmesser gibt es PM 10 = 10 Mikrometer (Feinstaub), PM 2,5 = 2,5 Mikrometer (Feinststaub) und PM 0,1 = 0,1 Mikrometer (Ultrafeinstaub). Der Verkehrsanteil besteht aus Bremsbelag- und Reifenantrieb sowie aus Motorenabgasbestandteilen. Gleichzeitig emittieren aber auch Industrieanlagen, Schüttgutanlagen, Öfen und Heizungen sowie die Tierhaltung in der Landwirtschaft große Mengen Feinstaub. Zahlenwerte sind abhängig von der Partikelgröße und der Analysentechnik – die Messungen sind sehr aufwändig. Eine untere Unschädlichkeitsgrenze gibt es nicht, (-> Grenzwerte).

Unser Kommentar: Das Rauchen und die alljährliche Sylvester-Emission (45-facher Tageswert für Feinstaub) werden gesellschaftlich noch immer akzeptiert!

Garantie: Zwischen Käufer und Garantiegeber (Hersteller) gegebene vertragliche oder freiwillige Zusage einer unbedingten Schadensersatzleistung; führt nach Erklärung zu einem Erfüllungsanspruch, Verjährung nach 3 Jahren (§ 195 BGB).

Gasmotor: Fahrzeug-Otto-Motor, der statt mit Benzin mit gasförmigen Treibstoffen betrieben wird. Vorteile: Während Benzin für die Verbrennung vergast (Vergaser) oder zerstäubt (Einspritzung) werden muss, können LPG-Flüssiggas (= Autogas) oder LNG/CNG (= Erdgas) durch einen Mischer wesentlich schadstoffärmer verbrannt werden. Die Kosten/km sind geringer als bei Benzinbetrieb. Treibgase lassen sich auch synthetisch herstellen (Stromaufwand). Nachteile: Gasautos benötigen spezielle Tanks: Benzin-/Dieseltanks sind leicht, dünnwandig und drucklos; LPG-Tanks sind bis ca. 15 bar druckfest und arbeiten bei ca. 8 bar; CNG-Tanks sind hochdruckfest bis 200...250 bar und entsprechend aufwändiger. Das Tankstellennetz ist mit ca. 6.300 LPG- und ca. 900 CNG-Stützpunkten noch dünner als die ca. 15.000 Benzin-Tankstellen, ist aber im Ausbau. Derzeit gibt es ca. 100.000 CNG- und ca. 450.000 LPG-Autos, zum Teil umgerüstet und zum Teil ab Herstellerwerk, die auch als Bifuel-Autos (Gas und Benzin) sehr große Reichweiten erzielen (z. B. 1.300 km).

Gesundheit: Nichtbeeinträchtigung durch Krankheit; Relativer Begriff für den Zustand körperlichen und geistigen Wohlbefindens eines Lebewesens; auf den Durchschnitt einer Population bezogenen normale Funktionsfähigkeit eines lebenden Organismus; abhängig von genetischer Veranlagung, milieubedingter Prägung, Lebensweise und Umgebungsbedingungen.

Die Gesundheit ist stündlich, täglich und lebenslang bedroht von innen – durch falsche Lebensweise, fehlende Pflege, falsche Heilbehandlung, psychische Belastungen, Stress und durch möglicherweise ungesteuertes übermäßiges Wachstum der Zellen (Krebs).

Von außen besteht die Bedrohung in der ständigen Zufuhr von körperfremden Stoffen, d. h. alle Nahrungs-, Genuss- und Heilmittel, je nach Qualität und Quantität mit unterschiedlichen Wirkungen, fehlende körperliche Bewegung und in den Umgebungsbedingungen wie Wetter, Temperatur, Luftqualität und Verletzungs- / Todesgefahr und auch hier außergewöhnliche, schwer quantifizierbare psychische Belastungen.

Diese äußere Bedrohung der Gesundheit ist zu einem gewissen Teil förderlich, z. B. für den Aufbau und des Trainings des Immunsystems, den Erhalt der Muskel- und Knochensubstanz und die Anpassung des Körpers an veränderliche Bedingungen, zum anderen Teil aber auch belastend und entweder akut, dauerhaft oder nur vorübergehend schädigend, (-> Gift).

Ein totaler Abbau der äußeren Belastungen z. B. durch 0 µg NO_2 mit dem Ziel vollkommener Gesundheit ist weder möglich noch wünschenswert (z. B. permanente Sterilität der Umgebung, perfekte Spezialnahrung, hochgereinigte Luft, gefahrlose Örtlichkeit).

Kommentar: Die Gesundheit und ihre Gefährdung lassen sich nicht exakt, sondern nur relativ bzw. lediglich tendenziell erfassen.

Gewährleistung / Mängelhaftung: Rechtsverhältnis zwischen Käufer und Händler; vertragliche Nachbesserungsverpflichtung des Händlers, ausdrücklich für Mängel am Verkaufszeitpunkt für 24 Monate, auch 12 Monate vereinbar; Nacherfüllung besteht aus Recht des Käufers auf Minderung, Wandlung und Schadensersatz.

Gift:

a) Relativer Begriff für einen Stoff, der einem Lebewesen einen Schaden zufügen kann

b) Juristische Definition: Ein Gift ist jeder Stoff, der infolge einer Körper-Stoff-Beziehung unter Umständen die Gesundheit zu schädigen geeignet ist.

c) Paracelsus 1538: „Alle Dinge sind Gift, und nichts ist ohne Gift, allein die Dosis macht's, dass ein Ding kein Gift sei." (nach Wikipedia)

Beispiele:	Lebergift	=	Paracetamol
	Nervengifte	=	Botox (Botulinumtoxin)
			(verdorbenes Fleisch, Fisch, Käse)
			Kampfstoffe (VX, Sarin, Soman)
	Atemgifte	=	Kohlenmonoxid CO
			Kaliumcyanid (Cyankali)
	Hautgifte	=	DDT, E 605

Vergleichbarkeit der Schadenswirkungen:

Maßstab ist die für 50 % einer Versuchsgruppe von Ratten lethale (tödliche) Dosis LD_{50} eines Stoffes, bezogen auf 1 kg Körpergewicht.

Wasser	(!)	> 90g
Zucker	(!)	> 30
Vitamin C	(!)	> 12 g
Kochsalz	(!)	> 3 g
Aspirin		> 200 mg = Milligramm (Tausendstelgramm)
Polonium 210		> 10 ng = Nanogramm (Milliardstelgramm)
Botox		> 1 ng = Nanogramm (Milliardstelgramm)
		(Wikipedia)

Die beispielhaften Daten zeigen, dass selbst scheinbar harmlose Substanzen aus dem täglichen Leben ab einer kritischen Dosis, die anders ist als bei Ratten, auch Menschen gefährlich sein können. Dennoch würde niemand Wasser, Salz oder Aspirin als Gifte bezeichnen.

Kommentar: Stichwort „Schmutziger, giftiger Diesel": Wie bei den relativen Worten „schmutzig" bzw. „sauber" ist es seriös, die Begriffe „Gift" und „giftig" zurückhaltender und differenzierter zu verwenden. Dies zeigen die erkennbar abgewogene Gift-Definition der Juristen, die Weisheit des Paracelsus und die Tatsache, dass jeder Stoff ein Schadens- bzw. Tötungspotenzial hat, auch Alltagstoffe wie z. B. Zucker, Salz und selbst klares Wasser. Nützlich sind Unterscheidungen wie z. B. belastend, dauerhaft schädigend oder tödlich bzw. schwachgiftig, hochgiftig und akutgiftig, um die Wirkung eines Stoffes zutreffend zu beschreiben. Nebenbei: Bei fortwährendem und unüberlegtem Gebrauch von relativen Begriffen wie „schmutzig" und „giftig" wird die Gesprächs- und Kooperations-Atmosphäre zwischen Meinungskontrahenten bzw. Konkurrenten unter Umständen tatsächlich dauerhaft verschmutzt und vergiftet. Stickstoffdioxid NO_2 ist als Reizgas für Babys und Kranke zweifellos nicht harmlos. Das Atemgift Kohlenmonoxid CO ist, aus vielen Unglücksfällen nachweisbar, eine klare Todesursache.

Das Reizgas NO_2 ist kein Gift im Abgas eines Verbrennungsmotors.

Gleichstrom: Elektrischer Strom, bei dem Plus- und Minuspol zeitlich gleich bleiben. In Batterien/Akkus lässt sich nur Gleichstrom speichern. Dieser muss aus dem üblichen 50 Hz-Wechselspannungsnetz transformiert werden, dabei entstehen Energieverluste. Diese entstehen an jeder E-Mobil-Ladestation oder im E-Auto selbst. Viele Geräte im Haushalt und in Betrieben benötigen Gleichstrom, der mit teilweise hohem Aufwand durch Netzgeräte aus dem Wechselstrom des Netzes gleichgerichtet und spannungsgewandelt werden muss.

Grenzwerte: Grenzwerte sind nichts Absolutes! Sie dienen z. B. dem Schutz der Gesundheit (z. B. gegen das Atemgift CO) oder der Sicherheit (z. B. Traglasten von Brücken). Für Brücken werden sie nach Wissensstand, Erfahrung und Logik berechnet und dann behördlich festgelegt. Bei Gesundheitsgrenzwerten sind Studienergebnisse, Erfahrung, Vermutung, Analogieschlüsse und häufig auch Übereinkommen mit betroffenen Berufsgenossenschaften, Verwaltungen, Herstellern, ... die Grundlagen, nicht aber exakte Berechnungen oder wissenschaftlich relevante Beweise.

Beispiel 1: NO_2 reizte Rattenlungen bei einer Konzentration von 8.000 Mikrogramm-Gramm pro m^3 Atemluft (das 200-fache der WHO-EU-Schwelle von 40 Mikrogramm/m^3!). Dagegen gab es keine Reaktion der Ratten bei 2.000 Mikrogramm/m^3, dem 50-fachen. (Langzeitstudie des Health Effect Institute HEI Boston 2015).

Die Übertragbarkeit auf Menschenlungen ist reine medizinische Interpretationssache.

Beispiel 2: Die Berechnung von „NO_2-Toten" erfolgt nur statistisch im zweifelhaften Analogie-Schluss: An NO_2-reichen Tagen wird die Zunahme aller Notfälle mit Atemwegsbeschwerden willkürlich und ausschließlich dem NO_2 zugeschrieben. Die Zunahme dieser „NO_2-Notfälle" wird dann als vorzeitige Todesfälle in „NO_2-Tote" hochgerechnet – ohne dass es einen einzigen nachweisbaren „NO_2-Toten" gegeben hat (Aussage von Prof. Dr. Joachim Heinrich, Deutsche Gesellschaft für Pneumologie und Beatmungsmedizin, Leipzig, BILDplus, 11.03.2018). Wissenschaftlich unkorrekt und ungültig sind aber alle Schlüsse, die die Mitwirkung von Zweitparametern nicht sicher ausschließen können. In diesem NO_2-Fall ist nicht sicher, ob es an diesem Tag mit hohem NO_2-Wert nicht auch einen „Feinstaub-Tag", Sahara-Staub, starken Pollenflug, verstärktes Rauchen, vermehrte Schleifarbeiten ohne Atemschutz, eine belastende Wetterlage oder andere belastende Einflüsse, z. B. hohe Ozon-Werte gab.

Ergänzung: Eine Nichtwirksamkeitsschwelle eines beliebigen Stoffes gibt es nicht. Auch Überdosen harmloser Alltagsstoffe oder kleinste Mengen können etwas bewirken, z. B. Pollen, Nano-Teilchen, homöopathische Dosierungen usw.

Grundlast: Unvermeidbare und nahezu unverminderbare Belastung der Umwelt durch menschliche Aktivitäten wie Industrie, Verkehr, Landwirtschaft, Militär, Bautätigkeit, Sport, Touristik, Freizeit usw.

134

Hausanschluss: Einspeisestelle des Wechselspannungsnetzes in ein Gebäude mit einer bestimmten maximalen Leistung in kW, abgesichert durch Hauptsicherungen. Wird ein E-Mobil stark geladen ($\rightarrow$ Laden), muss eventuell die Anschlussleistung erhöht werden. Das kann neue Zuleitungen, also größere Kabelquerschnitte erfordern, verbunden mit baulichen Arbeiten im Erdboden und entsprechenden Kosten, vorbehaltlich der Möglichkeit und der Genehmigung durch den Versorger/E-Werk.

Hybride: Fahrzeuge, die neben einem Verbrennungsmotor noch einen Elektroantrieb und eine Stromspeicherung aufweisen. Sie können wie die reinen E-Mobile ein E-Kennzeichen erhalten. Die verschiedenen vielfältigen Bau-, Antriebs- und Steuerungsarten sind im Kapitel 14 „Hybrid-Fahrzeuge" teilweise angesprochen. Bei etwa gleichgroßer Fahrzeugmasse wie ein reines E-Mobil können die berechtigten Forderungen der innerstädtischen Luftreinhaltung und gleichzeitig die Langstreckenleistungen abgedeckt werden.
Ergänzung: Diese Kombinations-Technologie stellt für die nächsten Jahrzehnte den idealen Kompromiss dar, auch was Nutzung vorhandener bewährter Industrien, Wirtschaftsstrukturen und des derzeitigen Stromnetzes betrifft.

Kapazität: $\rightarrow$ Batterie

Katalysator: Chemisches Abgasnachbehandlungssystem zur Reinigung von Abgas durch Umwandlung von Schadstoffen in unschädliche Stoffe; Drei-Wege-Kat (G-Kat) für Benzinmotoren: Geregelte, parallele Umwandlung von CO, NO_X und Kohlenwasserstoffen; Oxidations-Kat für Dieselmotoren: oxidiert CO und Kohlenwasserstoffe. SCR-Kat: siehe dort!

Kauf: Erwerb einer Sache zum Eigentum des Käufers. Der Auto-Neukauf wird meist durch ein „Unverbindliches Angebot" begonnen, mit der Aufgabe einer gegengezeichneten „Verbindlichen Bestellung" fortgesetzt und mit der Übergabe/Auslieferung beendet. Die „Verbindliche Bestellung" verpflichtet den Verkäufer zur pünktlichen, vollständigen Bereitstellung des Fahrzeugs und den Käufer zur Abholung und Zahlung des Kaufpreises. Die „Verbindliche Bestellung" erfolgt also als Ersatz für einen Kaufvertrag auf Vordrucken des Verkäufers mit einer Menge allgemeiner Geschäftsbedingungen, nicht aber mit verbindlich zugesicherten Eigenschaften, z. B. aus den Prospektinhalten oder Technischen Daten. Der Käufer kann sich dennoch wichtige Eigenschaften zusichern lassen, wenn der Verkäufer mitmacht und gegenzeichnet (vgl. Kapitel 10 „Juristisches").

Kilowattstunden (kWh): -> Einheiten
Klimawandel: Besser: Klimaerwärmung oder globaler Temperatur-Anstieg. Diese globale Temperaturerhöhung rührt vermutlich her vom Treibhaus-Effekt atmosphärischer Dampf- und Gas-Schichten, die die kurzwellige Sonnenenergie größtenteils durchlassen, aber die von der Erde reflektierte langwellige Strahlung zur Erdoberfläche zurückwerfen und dadurch die Erdoberfläche warmhalten. Das bewirkt z. B. das Abschmelzen des Polar-Eises und vieler Gletscher, Anstieg des Meeresspiegels und mehr Wetter-Extreme mit immer höheren Versicherungsschäden.
Kommentar: Die „Treibhaus-Glaswände", also Dämpfe und Gase an der äußeren Atmosphärenhülle, verstärken sich aus verschiedenen Gründen: Mit zunehmendem Wasserdampf aus den sich erwärmenden Ozeanen, mit zunehmendem CO_2 aus menschenverursachter Verbrennung von Kohle, Kraftstoff und Regenwald-Rodungen und sogar aus Methan-Quellen wie der Viehzucht – letztere steuern wir über unseren hohen Fleischkonsum. Ist ausgeschlossen, dass auch dieser Zunahme-Prozess nichtlinear, also selbstverstärkend abläuft? **(Abb. 8a, 8b, 9 und 12)**

Kohlendioxid: CO_2 ist kein Gift und kein Schadstoff im Abgas, sondern ein unbrennbares, saures und farbloses Gas. In Sekt, Limonade oder Mineralwasser wird es oft als „Kohlensäure" bezeichnet. CO_2 wird z. B. von Pflanzen zur Photosynthese (Biosubstanzaufbau mit Sonnenenergie) benötigt, dabei wird Sauerstoff erzeugt. Erst in den letzten Jahrzehnten wurde die klimaschädliche Wirkung von CO_2 festgestellt. Da CO_2 bei jeder Energiewandlung von Kohlenstoff-Verbindungen entsteht, also bei jeder Verbrennung z. B. von Braunkohle zur Stromerzeugung oder Wärmegewinnung, wurden z. B. 2017 ca. 41 Mrd. Tonnen CO_2 weltweit erzeugt – 28 % davon in China durch die Kohleverstromung, (Wikipedia).

Kraftstoffe: auch: Treibstoffe: Alle Stoffe oder Energien, die sich zum Auto-Antrieb eignen, die sich dafür in mechanische Endenergie an den Antriebsrädern umformen lassen **(C = Kohlenstoff)**:
1. **Fossile, geförderte C-haltige Kraftstoffe**
   (erzeugen CO_2 **bilanzvergrößernd** im Betrieb – s. u.)

a) flüssig: Benzin, Diesel, Methanol

b) gasförmig: Erdgas (CNG, LNG), Flüssiggas (LPG, Autogas), Biogas, Methan

2. **Synthetische C-haltige Kraftstoffe (e-FUELS)**
   (erzeugen CO_2 **bilanzneutral** im Betrieb – s. u.)
   a) flüssig: „OME", „e-diesel" („Kunstdiesel") „e-benzin"
   b) gasförmig: „e-gas", EE-Gas" und andere
3. **C-freie Kraftstoffe**
   (erzeugen **kein CO_2** im Betrieb – s. u.)
   a) Wasserstoff
   b) Elektrischer Strom

Allen genannten Kraftstoffen ist eine wesentliche CO_2-Menge aus der Herstellung hinzuzurechnen – das gilt insbesondere für Wasserstoff und Strom!
Ergänzung: Menschliche Existenz und menschliches Handeln, auch Autofahren, ohne irgendeine CO_2-Erzeugung sind nicht möglich, **(Abb. 8a bis 12)**.

Laden: Einspeichern elektrischer Energie in Form von → **Gleichstrom** in einen mobilen Speicher (Batterie, Akku), d. h. Umwandlung in chemische Energie. Gleichstrom wird im Ladepunkt, in der Wandstation, im Schnell-Ladesystem oder im Fahrzeug aus dem Netzwechselstrom gleichgerichtet und transformiert in die notwendige **Ladespannung** (z. B. 14 V oder 400 V Drehstrom bei 63 A). Normal-Laden (Schwachladung oder Starkladung) erfordert eine Schukosteckdose oder einen „Typ-2"-Anschluss.
Laderegeln:

1. Der **Ladegrad** sollte 20 % bis 80 % betragen, ideal sind 50 %.
2. Vollladen ist zu vermeiden, ebenso Tiefentladung.
3. Schnellladen nur, wenn unterwegs nötig, am System „CHAdeMO" (Japan, 2010, „Charge de move" mit Gleichstrom) oder CCS (Europa, USA, Combined Charging System, Kombistecker für Wechsel- und Gleichstrom).

Ladespannung: -> Laden

Ladestrom: Je nach Schwach-, Stark- oder Schnellladung 16 A, 32 A bis 400 A.

Leistung: → Einheiten

LNG: → Kraftstoffe

Lobbyisten: Interessenvertreter in Politik und Gesellschaft; beraten und nehmen Einfluss auf Entscheidungsträger und Gremien; arbeiten Ministerien und Abgeordneten zu; entwerfen Gesetzesvorlagen. Gefahr der Intransparenz bis zur Korruption, überwacht z. B. durch lobbycontrol.de (Wikipedia).

LPG: -> Kraftstoffe

MAK: Maximale Arbeitsplatz-Konzentration (vgl. Kapitel 3 „Grenzwerte"); für jeden Stoff/Gefahrstoff gültiger Grenzwert für definierte gesundheitliche Unbedenklichkeit; nur relativer, behördlicher Wert, der dennoch schädigen kann aus medizinischer Sicht.

Mechanische Energie: Energieform aus Kraft, Drehmoment und Drehzahl zum Bewegen oder Drehen von Massen; umwandelbar aus chemischer, thermischer oder elektrischer Energie; speicherbar z. B. in einer Höhendifferenz (Lageenergie), einer Feder (potentielle Energie) oder einem Schwungrad (kinetische Energie).

Netze: Elektrische Netze sind Stromverteilungseinrichtungen im Hoch-, Mittel- und Niederspannungsbereich; das 230 V-Wechselspannungsnetz versorgt Ortsteile, Straßen und Häuser. Zur häuslichen Ladung von E-Mobilen mit Stark-Lade-Einrichtungen muss das Niederspannungsnetz überprüft, ggf. verstärkt werden, evtl. auch die Mittelspannungs-Zuleitung zum Ort, abhängig vom geplanten, gemeldeten und genehmigten Bedarf der Ladestellen; bei der Verteilung entstehen weitere Verluste.

Ölkrise: Infolge politisch bedingter Verknappung der Erdölförderung und eines Preissprunges gab es ab 25. November 1973 ein totales Fahrverbot für vier Sonntage und Tempolimits von 80 km/h auf Landstraßen und 100 km/h auf Autobahnen für vier Monate.

OME: → Kraftstoffe

138

Organismus: Gesamtheit zusammenwirkender Organe, z. B. menschlicher Körper oder Staat, Regierung; übertragen auf die menschliche Gesellschaft, müssen deren Organe/Einzelteile zusammenpassen/harmonieren zum Funktionieren und zum Erhalt des Gesamtsystems.

Ottomotor: → Benzinmotor

Partikel: → Feinstaub

Partikelfilter: Chemisch-physikalische Abgas-Nachbehandlungseinrichtung zur Reinigung von Abgas durch Filterung (Rückhaltung) von Partikeln mit periodischer Nachverbrennung. FAP-System: Funktion mit Additiv-Zugabe („Eolys"), sensor- und softwaregesteuert; CRT-System: ohne Additiv, ungesteuert, gut nachrüstbar, nicht ganz so wirksam. In großen Intervallen ab ca. 120.000 km ist Reinigung oder Austausch möglich/nötig.

Produkthaftung: Zusätzlich zur Garantie haftet der Hersteller für Schäden an Gesundheit, Leben oder Eigentum, entstanden durch wesentliche Mangelhaftigkeit des Produktes.

Recycling: Wiedergewinnung von Materialien aus verbrauchten Produkten zur Rückführung in den Produktionskreislauf; möglichst Demontage, oft Zerstörung der Produkte und anschließendes Trennen der Materialien maschinell oder von Hand; je komplizierter die Technik des Produktes, umso arbeits- und energieaufwändiger. Beispiel: Glühbirne – Energiesparlampe (AG 7). Gut recyceln, also ohne wesentliches Downcyceln (Qualitätverlust), lassen sich Stahl und Aluminium. Dabei wird viel CO_2 vermieden gegenüber der Primärerzeugung. Die Verbrennung von Altstoffen nennt sich „Thermisches Recyceln".

Reichweite: → Elektro-Auto

Rekuperation: Strom-Rückgewinnung beim Bremsen des Elektro-Autos (bis zu 20 % der Antriebsleistung).

SCR-Katalysator: (Selectiv Catalytic Reduction) Additiv-versorgter Katalysator zur NO_X-Reduktion für Kraftwerke und Dieselmotoren, **(Abb.1)**.

Spannung: → Einheiten

Statistik: Methode zum Umgang mit Informationen mit Hilfe von Daten, auch Teilgebiet der reinen Mathematik. Statistiken sollen objektiv, verlässlich, allgemein gültig, bedeutend und wichtig sein (Wikipedia).
Kommentar: Sie werden oft missbraucht, wenn die Bezugszahlen fehlen oder falsche Deutungen möglich sind und interessengesteuert vorgenommen werden. Eine große Rolle spielt hier die Wahrscheinlichkeitsrechnung. Sie berechnet, was im Wortsinne „dem Scheine nach irgendwann wahr werden kann", z. B. Jahrhundert-Hochwasser. Die Urheber und Nutznießer einer Statistik sind kritisch zu hinterfragen, ehe man irgend etwas glauben kann, was nicht selbst kontrolliert und im Detail verstanden werden kann. Merksatz: „Glaube keiner Statistik, die du nicht selbst gefälscht hast!"

Stickoxide: (Vgl. Kapitel 2) Zu diesen Reizgasen zählen 9 Stickstoff-Sauerstoff-Verbindungen, die im Wesentlichen als NO_2 gerechnet werden, ansonsten meist instabil sind. Stickoxide entstehen bei jeder Art von Verbrennung (Oxidation durch Luftsauerstoff), an der die 78 % Luftstickstoff mit unterschiedlicher Intensität beteiligt sind – von der Kerzenflamme über die Öl-Gasheizung und den Verbrennungsmotor bis zum Kohlekraftwerk und zum Hochofen. Daher wird die derzeitige Jahresemission von ca. 1,1 Mrd. Tonnen bundesweit sich nicht wesentlich drücken lassen. Ursachen sind vor allem die Emissionen der Kraftwerke, der Industrie und der Landwirtschaft **(Abb. 3)**, die in den letzten 20 Jahren nahezu konstant geblieben sind und deren Entwicklung in Zukunft kaum rückläufig sein dürfte. Verglichen mit Schwefeldioxid SO_2 (dem „Waldsterben"-Hauptverursacher, der seit 1987, also über 30 Jahre, um ca. 92 % verringert wurde, **Abb. 4**), das aber immer noch bundesweit eine Grundbelastung von 400 Mio. Tonnen darstellt, dürfte auch das NO_2 - selbst bei einem hypothetischen totalen Verkehrsverbot – sich nicht unter 600 bis 800 Mio. Tonnen jährlich drücken lassen **(Abb. 3 und 4)**. Das bedeutet, ein Dieselverbot beliebigen Ausmaßes änderte die Gesamtbelastung nur unwesentlich und würde dennoch unsere Innenstädte nicht in Kurbezirke oder Sanatoriumsparks verwandeln.
Physiologische Wirkung von Stickoxiden: Gesunde Versuchspersonen können erste Reizungen der Augenschleimhäute spüren ab ca. 20.000 $\mu g/m^3$ Luft (die 500-fache Höhe des WHO/EU-Grenzwertes von 40 $\mu g/m^3$ Luft)

bzw. Atemtrakt-Irritationen und Brustschmerz oberhalb der über 1.000-fachen Konzentration. Ab dem etwa 2.200-fachen Wert können Lungengeschwülste (Ödeme) entstehen (Wikipedia).

Bei einem Jahresmittelwert von ca. 60 µg/m$_3$ Luft bundesweit (Prof. Hans Drexler, UNI Nürnberg-Erlangen) beträgt der Abstand zur unteren Wahrnehmungsschwelle (Reizung der Augen) von 20.000 µg/m^3 immer noch Faktor 333. Von Giftigkeit kann, wie oft behauptet, also keine Rede sein – es sei denn wissenschaftlich relevante neue Untersuchungen an Tieren und Personen (ohne mediale Entrüstung) erbringen andere ernstzunehmende Ergebnisse.

Was Kranke, Vorgeschädigte oder besonders bronchial hyper-reagible Personen betrifft (wie den Autor selbst), lässt sich aufgrund der individuellen Vorgeschichten und Veranlagungen (-> Gesundheit) überhaupt kein allgemeingültiger Grenzwert festlegen. Für Babys, Kleinkinder und Schwangere dürfte es nur 0 µg NO$_2$/m^3 geben, was angesichts der unvermeidlichen Grundbelastung eine Illusion bleibt (-> Grenzwerte, Grundbelastung).

Kommentar: Die widersprüchlichen Grenzwertforderungen der Forscher, Experten, auch der WHO, der EU und des Umweltbundesamtes (eine Lobby-Behörde?) zeigen deren allgemeine Unsicherheit. Sie gilt für innerstädtische Grenzwerte von 40, 20, 5 und weniger Millionstel Gramm NO$_2$ je m^3 Luft sowie zweifelhafte Zahlen von (weder pathologisch noch forensisch nachweisbaren) ca. 880.000 Asthma- und sogar Diabetes-Erkrankungen (verbreitet im Netz seit 8. März 2018, z. B. von CAMPACT) und erst recht für hochgerechnete 6.000 bis 66.000 vorzeitige „NO$_2$-Tote" pro Jahr in Deutschland. Auf dieser fragwürdigen Basis werden Diesel- und Auto-Verurteilungen als Allheilmittel betrieben. Dadurch verunsichern alle Beteiligten die schuldlosen ca. 45 Millionen Autoeigentümer in Deutschland und schädigen sie in hohem Maße.

Strom: → Einheiten

Studie: a) In der Kunst und in der Technik: Skizzenhafte Vorarbeit; Entwurf zu einem größeren Werk (Wikipedia) oder zu einer Konstruktion.
b) In der Medizin: Meist vergleichende praktische oder theoretische Untersuchung medizinischer Fragen, Ursachen und Wirkungen. Neben der Überlieferung und der Erfahrung sind Studien die dritte Säule des medizinischen Erkenntnisgewinns. Studien sollen dort, wo exakte Messungen oder La-

boruntersuchungen (z. B. in der Pathologie und in der Forensik) nicht möglich sind, sowohl objektiv (ergebnisoffen) als auch reliabel (zuverlässig) als auch valide (gültig) sein. Medizinische Studien haben gegenüber wissenschaftlich exakten Messungen und Untersuchungen, abgesehen von Arbeiten an toter oder nahezu toter Materie, vier grundlegende Probleme:

Problem Nr. 1: Medizinische Objekte sind Lebewesen, die alle unterschiedlich beschaffen und in ihren Eigenschaften nicht konstant sind.

Problem Nr. 2: Messungen werden vernünftigerweise mit nur einer Variablen durchgeführt. Medizin-Studien behandeln stets ungewollt mehrere veränderliche Größen, die voneinander abhängig sind und deren Wirkung untereinander und auf das Studienergebnis nicht auszuschließen sind, sondern nur zu „berücksichtigen" bzw. „herauszurechnen". Das macht die Ergebnisse unsicherer, meist unwiederholbar und kaum nachprüfbar (fehlende Validität).

Problem Nr. 3: Medizin-Studien sind grundsätzlich korrekt, neutral und ehrlich, wenn sie ergebnisoffen angelegt und durchgeführt sind (Objektivität). Häufig sind sie aber durch Auftraggeber, „Sponsoren", den Zeitgeist und eigene Vorstellungen „zielgerichtet" – werden also durch entsprechende Voraussetzungen, Annahmen, Weglassungen und Vorgehensweisen „optimiert" (fehlende Objektivität, -> Systemfehler).

Problem Nr. 4: Da Medizinstudien meist sehr umfangreich, im Detail nicht immer zugänglich, oft nicht nachvollziehbar und unverständlich für Außenstehende, d. h. nicht transparent für die Öffentlichkeit sind, werden ihre Ergebnisse häufig simplifiziert und damit erst zitierfähig gemacht für die Medien und die öffentliche Meinung (fehlende Reliabilität).

Kommentar: Das Beispiel einer Studie [22] im Auftrag des Umweltbundesamtes und die kritische Stellungnahme [23] dazu zeigen, wie unzuverlässig manche Sensationszahlen infolge von Studien und deren Systemfehlern sein können. Im vorliegenden Fall [22] ist aus der Sicht der Autoren dieses Buches zur Diskussion zu stellen, ob durch die Vermischung diverser älterer Studien unbekannter Qualität mit neueren Fragestellungen, also ohne wirklichen Wissenszuwachs, nicht eine erhebliche **Fehlerfortpflanzung** durch Addition bzw. Multiplikation älterer Systemfehler mit aktuellen Fehlern entstanden ist. Die Frage: Sind Studien über Studien fremder Urheberschaft verlässlich und wissenschaftlich reliabel genug, um damit einen ganzen gesellschaftswichtigen Wirtschaftszweig in Misskredit zu bringen und mindestens die Hälfte der Bevölkerung zu verunsichern bzw. zu schädigen? Ist es akzeptabel, dass in [22] mit Steuergeldern über 800.000 Menschen pro Jahr

„kränker" und sogar ca. 6.000 Betroffene „vorzeitig tot" theoretisiert werden? **Vorsicht Satire!**
>>DUSH alarmiert: 6.000 Umweltstress-Tote!<<
Eine neue spendenfinanzierte Längsschnittstudie mit dem Titel „Krankheitslasten durch umweltschutzbedingten Psycho-Stress" der DUSH e. V. (Deutsche Umweltstresshilfe, Wohltätigkeit- und Verbraucherschutzverein, selbstlos, völlig uneigennützig) hat ergeben, dass unter den ca. 15 Millionen deutschen Dieselfahrzeug-Eigentümern und -Betroffenen in Industrie und Handwerk aus einer Kontrollgruppe von 3,456789 % (Schätzwert amerikanischer Adhoc-Studien/ neueste WHO-Empfehlung) der unmittelbar darunter leidenden Menschheit („stratifiziert" nach Handwerkern, Autohäusern, Werkstätten und involvierten Bürgern) durch den nicht enden wollenden Ärger bis hin zur Existenzangst als Folge weltweiter NO_2-Hysterie und Diesel-Hetze das Risiko von Herz-Kreislauf-Versagen mit hohem Evidenzgrad zu signifikant kumulierten 518.518,35 „vorzeitigen Psychostress-Toten" pro Jahr errechnet wurde, „attributabel" das Risiko von alarmierenden 6.000 depressionskausalen Suiciden (Stand 2016 – die Studie wird kontinuierlich prolongiert und permanent evaluiert). **Ende der Satire!**

StVO: Straßen-Verkehrs-Ordnung: Rechtsverordnung für alle Teilnehmer am Verkehr auf öffentlichen Straßen, Wegen und Plätzen, z. B. Verkehrsregeln und Bußgelder.

StVZO: Straßen-Verkehrs-Zulassungs-Ordnung: Rechtsordnung für die Beschaffenheit von Fahrzeugen im öffentlichen Verkehr; z. B. Abmessungen, Gewichte oder Abgasschadstoffe; geregelt durch EU-Richtlinien und nationale Vorschriften; überwacht durch das KBA.

SUV: „Sportnutzfahrzeuge", (Sports Utility Vehicle), ursprünglich vom Militär-Jeep abgeleitetes Geländefahrzeug; seit vielen Jahren beliebte PKW-Klasse mit mehr Sozialprestige und höherem Nutzwertgefühl („Freiheit auf der Straße und im Gelände"); zunächst als Oberklassenfahrzeug eingeführt, inzwischen fast auf Kleinwagengröße geschrumpft; meist gar nicht geländetauglich. Vorteil: Höhere Sitzposition, viel Raum, gute Sicht. Nachteil: Höherer Luftwiderstand, höheres Gewicht, höherer Verbrauch, abhängig von der jeweiligen Karosseriegestaltung.
Luxus-SUV haben wie alle Oberklassenfahrzeuge den allgemeinen, nicht zu unterschätzenden Vorteil, dass sie auf Grund ihrer höheren Gewinnspanne

meist die neuesten Techniken enthalten und erproben, die anschließend auf die kleineren „Volumen-Modelle" „vererbt" werden, z. B. der G-Katalysator ab 1984/89 und der Partikelfilter ab 2003.

Systemfehler: Grundlegender, wesentlicher Fehler in einem Vorgang oder in der Verfahrensstruktur einer Messung, Studie, Forschungsarbeit oder Prozedur. In der Messtechnik unterscheiden wir grobe, zufällige und systematische Fehler. Alle drei Fehlerarten lassen sich durch eine geeignete, gut geplante Verfahrensstruktur minimieren bzw. korrigieren. Beabsichtigte (illegale) „Fehler" durch Weglassungen, falsche Annahmen, Unlogik, unerlaubte Ergänzungen, Verschleierungen, nichtobjektive Deutungen und nicht zuletzt auftraggeberfreundliche Auswertungen grenzen an Urkundenfälschung, Falschaussage und Betrug.
Kommentar: Auftraggeberfreundliche Ergebnisse begünstigen Folgeaufträge …

Systemleistung: Gleichzeitig verfügbare Gesamtantriebsleistung, addiert aus Verbrennungsmotor-Leistung und E-Motor-Leistung.

Tesla S: Elektro-Sportlimousine aus Amerika nach Ideen des Elon Musk: Modernes Design, sehr hohe Antriebsleistung, Masse ca. 2,2 t, mit 85 kWh sehr hohe Batteriekapazität, Reichweite ca. 500 km im Sommer, je nach Fahrstil; Laden gestützt durch eigenes Schnellladesystem an Autobahnen, war anfangs kostenlos; **unser Eindruck**: Traditionelles „sportliches" Konzept ist überholt, da auch die e-mobile Zukunft kleinere, leichtere, moderat schnelle Fahrzeuge erfordert zur Verbesserung des Verkehrs und zur Vermeidung von CO_2.

Verbrauch: Wechselhafte technische Angabe des Energieverbrauches beim Autobetrieb; unterschieden in **Werksverbrauch** auf einem Prüfstand nach einem exakten Testprogramm (z. B. NEFZ) und **Testverbrauch**, z. B. in einer Auto-Zeitschrift, über eine bestimmte Fahrstrecke auf öffentlichen Verkehrswegen; die Differenz von 20 … 30 % wurde jahrzehntelang akzeptiert; ab 2009 Grundlage der Kfz-Steuerberechnung als CO_2-Minderungsbeitrag; seitdem juristisch sensible Größe, weil bei tatsächlicher Überschreitung des Werksverbrauchs im Alltagsbetrieb dieser evtl. als wesentliche Veränderung der Fahrzeugeigenschaften gilt und die Typgenehmigung (TG) bzw. die

Allgemeine Betriebserlaubnis (ABE) in Gefahr kommen können, **(Abb. 10 und 11).**

Hybrid-Auto-Verbrauch: Gesamtverbrauch elektrisch und verbrennungs-motorisch; angeblich „geschummelt", weil nach einer zweifelhaften Formel mit schwammigen Größen ein völlig theoretischer, alltagsuntauglicher „EU-Verbrauchswert" errechnet wird:

$$C = \frac{D_e \cdot C_1 + D_{av} \cdot C_2}{D_e + D_{av}} \quad \text{in } [dm^3/100 \text{ km}] \quad \textbf{(ECE-Norm 101)}$$

mit C = „Gesamtverbrauch" („EU-Verbrauchswert")

C_1 = Benzinverbrauch mit voller Batterie

C_2 = Benzinverbrauch, verbrennungsmotorisch

D_e = Elektrische Reichweite

D_{av} = 25 km (willkürliche Fahrstrecke zwischen 2 Batterieladungen)

z. B. BMW x5 40e xDrive:

D_e = 31 km (NEFZ); $C_2 = 7{,}39$ dm^3 / 100 km;
C = 3,3 dm^3/100 km

VW Golf GTE:

D_e = 50 km (NEFZ); $C_2 = 4{,}5$ dm^3 / 100 km;
C = 1,5 dm^3/100 km

(Datenlage 3/2015)

Diese Werte dienten unter Anderem zur Flottenverbrauchsberechnung der Hersteller.

Verkehrskonzepte: Rechtsverbindliche Planungen und Verordnungen für Verkehrsbewegungen (z. B. Tempo-Grenzen), Verkehrsträger (z. B. Öff. Nahverkehr), Verkehrsteilnehmer (z. B. Fußgänger, Fahrzeuge) und Ver-kehrsflächen (z. B. eingeschränkte Zonen wie 30-km- oder Fußgängerzonen, Lieferzonen). Voraussetzungen: Gültige Datenerhebungen und -auswer-tung, z. B. durch Befragungen und Computermodelle; Durchführung bzw. Durchsetzung: Steuerung durch verlässliche Verordnungen, auch finanzielle Maßnahmen, mit Übergangszeiten, Überwachung und regelmäßigen, be-hutsamen Korrekturen, wenn nötig und sinnvoll. Mitentscheidend ist auch die Art und Weise der Fördermittelvergabe sowie deren Höhe.

Volt: → Einheiten

Wasserstoff: Wasserstoff H_2 ist mit ca. 75 Gewichtsprozent das Grundelement des Universums, aber auch der Erdchemie; freien gasförmigen Wasserstoff gibt es auf der Erde nicht. H_2 ist meist in Wasser, aber auch in Fauna und Flora gebunden. Die H_2-Moleküle sind leicht und sehr klein, das Gas ist daher schwierig zu dichten. Grundproblem: H_2 ist nur ein Energieträger (wie Elektrizität oder Druckluft). Herstellung als Gas heute meist durch Dampfreformieren von Erdgas, dabei viel CO_2-Erzeugung durch fossile Brennstoffe zur Stromerzeugung. Zukünftige Herstellung durch Elektrolyse von Wasser (H_2O). Diese erfordert große Mengen Öko-Elektrizität, die dadurch gespeicherte Energie ist fast vollständig rückgewinnbar, z. B. in der Brennstoff-Zelle.

Wechselstrom: (besser Wechselspannung) Niederspannungsnetz (Haushaltsnetz) mit 3-Phasen-Drehstrom und der Frequenz 50 Hz, muss zum Laden von Batterien zu Gleichstrom umgeformt werden.

Wirkungsgrad: Verhältnis von Nutzen zu Aufwand.
Naturgegebener, extrem wichtiger Grundbestandteil physikalisch-technischer Vorgänge; immer kleiner als 100 % (sonst „Ewigläufer" (perpetuum mobile) oder falscher Rechenansatz). Jede Umwandlung hat Verluste, die häufig übersehen oder verschwiegen werden, aber Folgen haben.

$$WG \ [\%] = \frac{\text{Nutzen}}{\text{Aufwand}} = \frac{\text{abgegeben}}{\text{zugeführt}} = \frac{\text{nachher}}{\text{vorher}}; \ 100 \ \% \text{ minus WG} = \text{Verlust } [\%]$$

Nachwort

Wie im Vorwort versprochen, war es Ziel der Autoren, die Dinge so neutral wie möglich anzusprechen und darzustellen.
Bei der Gratwanderung durch das Thema haben sie zwangsläufig eigene Meinungen gefunden, die sicher erkennbar sind. Denn je länger und intensiver sie sich mit der Materie „Auto – heute und morgen" beschäftigt haben, desto tiefer sind sie in die Hintergründe nicht nur des Individualverkehrs, sondern auch unserer Gesellschaft und der Weltgemeinschaft eingestiegen.

Alles hängt mit Allem zusammen, sagt man.

So ist die Verflechtung unseres Lebens mit dem fahrbaren Untersatz erstaunlich, einmalig und überdenkenswert. Sie ist beispielhaft für unseren Umgang mit regionalen, nationalen und sogar globalen Problemen.
Denn die Verläufe der Abbildung 8 zeigen unser reales Leben – keine dieser Trendkurven erscheint wesentlich beeinflussbar, erst recht nicht umkehrbar. Obwohl seit mindestens 65 Jahren gegen alle diese Trends gekämpft wird, haben sie sich – mit Ausnahme des Fischfangs (Diagramm 1) – leider eher verstärkt als abgeschwächt, geschweige denn umgekehrt.

Radikale Abhilfemaßnahmen durch einschneidende Veränderungen, Einschränkungen oder Verbote wesentlicher menschlicher Lebens- und Verhaltensformen erscheinen global kaum mehr möglich angesichts der faktischen Rasanz der Entwicklung seit 1950.

Sollten wir uns da nicht fragen, ob es Sinn macht, sich in einen Kampf um Teilprobleme zu verbeißen, wie z. B. in den isolierten Steit um Verbrennungsmotoren und E-Antriebe?

Noch so gut gemeinte Grenzwerte der Welt-Gesundheits-Organisation (WHO) müssen in Frage gestellt werden und bedürfen einer genaueren Begründung und Überprüfung als bisher geschehen.

Der Ingenieur und Realist träumt nicht gutgläubig von Wandel, Wenden und Wundern, während die Psychologin Umkehr für möglich hält.

© Springer Fachmedien Wiesbaden GmbH, ein Teil von Springer Nature 2018
K.-G. Heyne, G. Schmiedgen, *Autolust! Dieselfrust?*,
https://doi.org/10.1007/978-3-658-21609-2

Sie begründet das so:
Veränderungen geschehen durch zielgerichtetes Denken, Fühlen, Handeln. Dazu braucht es Mut, Kraft und den Glauben an das Ziel. Leider ist den meisten Menschen auf dieser Welt nicht bewusst, welche Möglichkeiten sie haben und wie viel Kraft in jedem Einzelnen steckt. Viel zu wenige dürfen in ihrer Entwicklung erfahren, welche Schätze sie in sich tragen, die nur darauf warten, gelebt und erfahren zu werden. Die meisten Menschen wachsen mit Abwertungen, Ängsten, negativen Dogmen und Wertungen auf, die allesamt zu einem geringen Selbstwertgefühl führen. Wenn es gelingen würde, weltweit die Menschen zu ihren Fähigkeiten zu ermutigen, um all ihre Kraft und ihre Ressourcen friedlich einzusetzen, dann wäre ein Wandel kein Wunder, sondern der Erfolg unzähliger Bemühungen in eine gute Richtung.

Einig sind sich beide Autoren darüber, dass wir nicht streiten und konkurrieren sollten, sondern in Zukunft alle Fakten und Möglichkeiten klug bedenken – und dabei leben und handeln in gegenseitigem Respekt, mit Augenmaß und vor allem im Miteinander.

Dank

Für all die Anregungen, Hinweise und Korrekturen danken wir

Dr. med. Andreas F., Dipl.-Ing. Achim S., Anette W.,
StD Dipl.-Ing. Birgit S., Dipl.-Ing. Burkhard K.,
Dipl.-Ing. Christoph R., Mediengestalterin Cornelia R., VLV-Coach Dieter H.,
Dipl.-Ing. Dieter K., EPHK Dieter S., Dr. med. Dietrich W.,
AS-Manager Dirk .W., Prof. Dr.-Ing. Eberhard S., Dipl.-Ing. Enrico R.,
Techniker Hans-Rudi M., Dipl.-Ing. Hartmut S.,
Dipl.-Ing. Heinrich B., Dipl.-Ing. Herbert K., Dipl.-Ing. Horst S.,
Elektroniker Kai S., Dipl.-Germ./Journ. Katrin G., Dipl.-Betriebswirt Klaus S.,
Kfz.-Meister Mario L., Dr.-Ing. Norbert K.,
Prof. Dr.-Ing. Otto B., Dipl.-Ing. Peter R., Dipl.-Ing. Rüdiger W.,
Dr. med. Stefan H., RAin Veronika S.,
Mediengestalter Walter M., Wiebke H. und Dr. med. Wolfgang W.,

sowie
Herrn Thomas Zipsner, Cheflektor und
Frau Ellen-Susanne Klabunde im Hause Springer Vieweg, Wiesbaden, für
die hervorragende, vertrauensvolle Betreuung und Begleitung.

Nicht zuletzt danken wir allen Menschen unseres Umfeldes, deren Sorgen
und Fragen zu diesem Buch geführt haben.

Gabriele Schmiedgen
Klaus-Geert Heyne

© Springer Fachmedien Wiesbaden GmbH, ein Teil von Springer Nature 2018
K.-G. Heyne, G. Schmiedgen, *Autolust! Dieselfrust?*,
https://doi.org/10.1007/978-3-658-21609-2

Printed in the United States
By Bookmasters